今すぐ使えるかんたん mini

Canon EOS

Digital single-lens
non-reflex camera
with APS-C Sensor

R10

基本&応用 撮影ガイド

JN044032

JN044029

技術評論社

Contents

Chapter 2 ピント合わせの機能を使いこなそう …… 39

Chapter **3** 露出にこだわって撮影しよう ················· 63

Chapter **6** **シーン別撮影テクニック** ···················· 117

Chapter 8 使いやすくカスタマイズしよう 161

ご注意 ※ご購入・ご利用の前に必ずお読み下さい

●本書はCanon製デジタル一眼レフカメラ「EOS R10」の操作方法を解説したものです。掲載している画面などは初期状態のものです。情報は2023年11月現在のもので、一部の表示内容が変更される場合があります。あらかじめご了承ください。

●本書に記載された内容は、情報の提供のみを目的としています。したがって、本書を用いた運用は、必ずお客様自身の責任と判断によって行ってください。これらの情報の運用について、技術評論社および筆者はいかなる責任も負いません。

以上の注意点をご承諾いただいた上で、本書をご利用願います。これらの注意事項をお読みいただかずにお問い合わせいただいても、技術評論社および筆者は対処しかねます。あらかじめ、ご承知おきください。

■CanonおよびEOS R10、その他、キヤノン製品の名称、サービス名称等は、商標または登録商標です。その他製品等の名称は、一般に各社の商標または登録商標です。

Section 01 R10の各部名称を確認しよう

Keyword ボタン／ダイヤル／各部名称

1 R10の基本操作をマスターしよう

カメラの性能を最大限に引き出すためには、まずカメラのどこにどんなボタンがあり、それぞれどんな機能を有しているのかを把握しよう。カメラを見なくても操作し、シャッターチャンスにすばやく対応できる、というレベルが理想だ。

1 正面・上面の名称

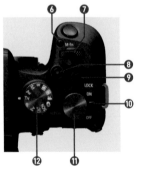

❶	シャッターボタン
❷	AF補助光／赤目緩和／セルフタイマー／リモコンランプ
❸	絞り込みボタン
❹	フォーカスモードスイッチ
❺	レンズロック解除ボタン
❻	〈M-Fn〉マルチファンクションボタン
❼	〈🔅〉メイン電子ダイヤル
❽	動画撮影ボタン
❾	〈LOCK〉マルチ電子ロックボタン
❿	〈ON/OFF〉電源スイッチ
⓫	サブ電子ダイヤル
⓬	モードダイヤル

2 背面・側面・底面の名称

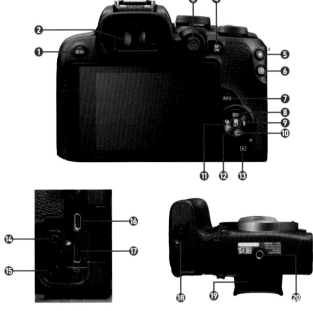

❶ 〈MENU〉メニューボタン	⓫ 〈◀/ 口i/ ⏱〉左/ドライブモード/
❷ ファインダー接眼部	セルフタイマー選択ボタン
❸ 〈✳〉マルチコントローラー	⓬ 〈⬚〉クイック設定/設定ボタン
（中央押しあり）	⓭ 〈▶〉再生ボタン
❹ 〈AF ON〉AFスタートボタン	⓮ 〈🔘〉リモコン端子
❺ 〈✴〉AEロックボタン	⓯ 〈MIC〉外部マイク入力端子
❻ 〈⊞/Q〉AFフレーム選択/	⓰ 〈HDMI OUT〉
インデックス/拡大/縮小ボタン	HDMIマイクロ出力端子
❼ 〈INFO〉インフォボタン	⓱ 〈⟷〉デジタル端子
❽ 〈▲/ISO〉上/	⓲ カード/バッテリー収納部ふた
ISO感度設定ボタン	カード/バッテリー収納部ふたロック
❾ 〈▶/ϟ〉右/ストロボボタン	⓳ 視度調整レバー
❿ 〈▼/🗑〉下/消去ボタン	⓴ 三脚ねじ穴

まとめ

● ボタンやダイヤルの位置を覚えて、カメラを見なくても正確に
操作できるようにする

撮影前の準備をしよう

Keyword レンズ／バッテリー／SDカード／記録画質

R10を購入したら、撮影前にいくつかの準備が必要だ。バッテリーの充電や、カメラ本体の初期設定を行おう。なお、別売りの「USB電源アダプター PD-E1」をデジタル端子に接続することで、カメラを操作しながら充電／給電することもできる。

1 レンズの取り付け／取り外し

レンズの取り付け／取り外しは、電源をオフにして行うのが基本だ。電源を入れた状態だと、撮像素子に電気が通り、ゴミが付着しやすくなるためだ。

■ レンズを取り付ける

カメラとレンズのキャップを外し、RFレンズ取り付け指標を合わせながら❶、レンズをはめ込む。

「カチっ」と音がするまでレンズを回す❷。これでレンズの装填は完了だ。

■ レンズを取り外す

レンズロック解除ボタンを押しながら❶、装填とは反対方向にレンズを回す❷。

RFレンズ取り付け指標が合うところまで回し❸、レンズを取り外す。取り外した後は、カメラとレンズにキャップを取り付ける。

2 バッテリーを充電して取り付ける

R10は「LP-E17」という大容量バッテリーを採用しており、R50など、ほかのミラーレスカメラとも互換性がある。付属のバッテリーチャージャーを使うか、別売りの「USB電源アダプターPD-E1」を使って充電しよう。

■バッテリーを充電する

付属のバッテリーチャージャーにバッテリーを差し込む❶。

チャージャーをコンセントに差し込んで充電する❷。充電中は「CHARGE」のランプがオレンジ色に光り、充電が完了すると「FULL」のランプが緑色に光る。

■バッテリーの取り付け／取り外し

カード／バッテリー収納部のふたを開き、ツメを避けながら❶、バッテリーを奥まで差し込む❷。

バッテリーを取り外すときは、ツメをずらすと❸、バッテリーが飛び出してくる。

ONE POINT 「充電」と「給電」の違い

R10は、USBケーブルとPD-E1を接続することで「充電」と「給電」を行うことができる。「充電」とは、電源をオフにしてバッテリーに電力を貯めること。「給電」とは、電源オンでも外部バッテリーから電力を供給することだ。カメラによっては「充電」ができても「給電」ができない機種もある。

3　メモリーカードを挿入して初期化する

カメラで撮影した画像を保存するには、別売りのメモリーカードが必要だ。R10はSDカードに対応している。カメラにはじめて挿入するカードは初期化して、R10に最適化しよう。

■SDカードを挿入する

カード／バッテリー収納部ふたロックを引っぱり、カード／バッテリー収納部ふたを開ける❶。

向きに気をつけながらSDカードを差し込む❷。「カチッ」と音が鳴れば挿入完了だ。挿入が完了したらカード／バッテリー収納部ふたを閉める。

■SDカードを初期化する

機能設定タブから「カード初期化」を選択する❶。

「OK」を選択する❷。

4　記録画質を設定する

R10では、RAWデータとJPEG/HEIF画像の画質をそれぞれ設定できる。HEIF画像は、HDR撮影を行う時のみ記録される画像だ。RAWデータは、DPRAWで記録するかどうかを設定できる。なお「DPRAW」とは「デュアルピクセルRAW」のことで、撮像素子からのデュアルピクセル情報が付与された特別なRAWデータのことだ。

■記録画質を設定する

静止画撮影タブから「記録画質」**❶**を選択する。

RAW**❷**とJPEG画像／HEIF**❸**を、それぞれ任意の画質に設定する。

■DPRAWを設定する

静止画撮影タブから「DPRAW設定」**❶**を選択する。

「しない」「する」のどちらかを選択する**❷**。

■R10で設定できる記録画質

RAW	「RAW」「CRAW」の2種類から選ぶ。
JPEG/HEIF	「▲L」「▲L」「▲M」「▲M」「▲S1」「▲S1」「S2」の中から選ぶ。

ONE POINT 新しい画像の規格「HEIF」

HDR撮影時のみ記録される「HEIF」は、2015年から普及し始めた新しい規格だ。JPEGよりも軽ファイル・高画質で記録できるとされている。元々はスマートフォンのカメラで採用されており、キヤノンはEOS-1D X Mark III、EOS R5、EOS R6などで採用している。

まとめ

● 撮影の前に、レンズ、バッテリー、SDカードを準備する
● SDカードは初期化する
● JPEGとRAWそれぞれの記録画質を設定する

ボタンやダイヤルの操作を覚えよう

Keyword メイン電子ダイヤル／サブ電子ダイヤル／十字キー

実際の撮影では、ボタンやダイヤルを操作して、カメラの各種設定を整えてから臨む。メニュー画面の操作の方法、撮影画面での各種設定の整え方など、基本的な操作を覚えておくことで、シャッターチャンスを逃さずに撮影できる。

1 メニュー画面の操作を覚える

メニュー画面は、R10のほとんどの設定を行うことができる画面だ。各項目は十字キー、メイン電子ダイヤル、サブ電子ダイヤル、クイック設定ボタンを使用して設定する。

メニューボタンを押すと①、メニュー画面が表示される。

メニュー画面は7つのタブに分かれている②。メイン電子ダイヤルを回すか③、十字キーの◀▶を押すと④、タブの切り替えができる。

サブ電子ダイヤルを回すか⑤、十字キーの▲▼を押すと⑥、項目を選択できる。

クイック設定ボタンを押すと⑦、選択した項目を設定できる。

2 撮影画面の操作を覚える

R10で操作する回数がもっとも多いのが撮影画面だ。絞りやシャッタースピード、ISO感度や露出補正など、写真の表現を決める数値は、ボタンとダイヤルを操作して直感的に設定できる。

メイン電子ダイヤルを回すと❶、絞りやシャッタースピードを変更できる❷。変更できる項目は、撮影モードによって異なる。

AEロックボタンを押してから❸、サブ電子ダイヤルを回すと❹、露出補正を設定できる❺。

上/ISO感度設定ボタンを押すと❻、ISO感度を設定できる❼。

左/ドライブモード/セルフタイマー選択ボタンを押すと❽、ドライブモードを設定できる。

インフォボタンを押すと❾、画面表示が切り替わる❿。

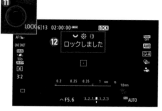

マルチ電子ロックボタンを押すと⓫、サブ電子ダイヤル、マルチコントローラー、コントロールリングの設定をロックできる⓬。

3 クイック設定を覚える

クイック設定は、AFエリア、AF動作、記録画質など、撮影に関する基本的な設定にすばやくアクセスできる簡易設定画面だ。タッチ操作も可能で、メニュー画面を開かずにすぐ設定できる。

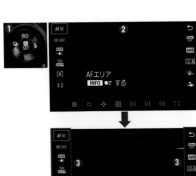

クイック設定ボタンを押すと❶、クイック設定画面が表示される❷。

画面の左右に設定項目❸、中央下部に数値やモードが表示される❹。

十字キーの▲▼を押すか❺、サブ電子ダイヤルを回して❻、設定項目を選択する❼。

十字キーの◀▶を押すか❽、メイン電子ダイヤルを回して❾、数値やモードを変更する❿。

4 クイック設定の項目を編集する

クイック設定に割り当てる機能は、メニュー画面から変更することができる。自身の撮影スタイルや被写体によって、使いやすいようにメニューをカスタマイズしよう。

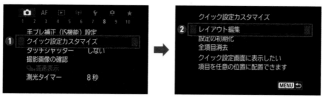

静止画撮影タブの「クイック設定カスタマイズ」を選択する❶。

「レイアウト編集」を選択する❷。

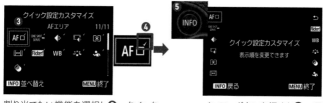

割り当てたい機能を選択し❸、クイック設定ボタンを押す。各項目の右上にチェックがついていれば❹、クイック設定に割り当てられている。

インフォボタンを押すと❺、項目の順番を変更できる。

■クイック設定に割り当てられる機能

AFエリア	HDRモード
AF動作	RAWバーストモード
記録画質	フォーカスBKT撮影
動画記録サイズ	ドライブモード
測光モード	サイレントシャッター機能
静止画アスペクト比	IS機能
フリッカーレス撮影	オートライティングオプティマイザ
ホワイトバランス	ピーキング
ピクチャースタイル	フォーカスガイド
検出する被写体	フォーカス/コントロールリング切換
クリエイティブフィルター	Wi-Fi/Bluetooth接続
HDR撮影 HDR PQ	フォルダ選択
高輝度側・階調優先	画像番号
ストロボの発光	モニター／ファインダーの明るさ

まとめ

- ● R10の撮影はメニュー画面で機能を設定する
- ● クイック設定は、基本的な設定にすばやくアクセスできる機能
- ● クイック設定は、割り当てる機能や順番を変更できる

ファインダーの操作を覚えよう

Keyword ファインダー／視度調整／OVFビューアシスト

R10のファインダーは、約236万ドットの電子ビューファインダーを採用している。ファインダー倍率は約0.95倍で、肉眼で見た時とほぼ同じ倍率だ。またアイポイントは22mmで、メガネをかけたままでも電子ビューファインダーが起動する。

1 視度調整を行う

ファインダーを使用する前に、ファインダーに写る景色がくっきり見えるように調節しよう。これを視度調整という。ファインダーの下にある視度調整レバーを回すことで調整できる。

ファインダー下にある視度調整レバーを左右に動かし❶、視度調整を行う。ファインダーを覗きながら、もっともはっきり見えるところに調整しよう。

2 画面の表示先を設定する

初期設定ではファインダーオンセンサーが作動し、顔を近づけることでファインダーとモニターが自動で切り替わる。メニュー画面から設定することで、画面の表示先を変更できる。

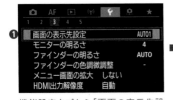

機能設定タブから「画面の表示先設定」を選択する❶。

任意のモードを設定する❷。「■□時モニター固定」では、モニターを開いている時は常にモニター表示にする。

ファインダーに表示されるアイコンは、撮影時の画像モニター（P.24）と概ね同じだ。ただし表示位置が微妙に異なる。それぞれのアイコンの表示内容と位置を覚え、現在の撮影設定を把握できるようにしよう。

1

R10の基本操作をマスターしよう

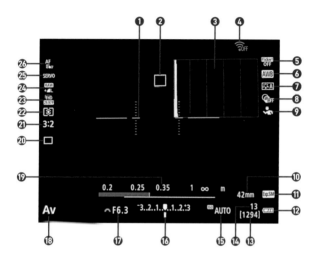

❶ 水準器	⓮ 連続撮影可能枚数
❷ AFフレーム	⓯ ISO感度
❸ ヒストグラム	⓰ 露出レベル表示
❹ Wi-Fi機能	⓱ 絞り値
❺ フリッカーレス撮影	⓲ 撮影モード
❻ ホワイトバランス／ホワイトバランス補正	⓳ 撮影距離
❼ ピクチャースタイル	⓴ ドライブモード
❽ クリエイティブフィルター	㉑ 静止画アスペクト比
❾ 検出する被写体	㉒ 測光モード
❿ 焦点距離	㉓ 動画記録サイズ
⓫ 露出シミュレーション	㉔ 記録画質
⓬ バッテリー残量	㉕ AF動作
⓭ 撮影可能枚数	㉖ AFエリア

4 | ファインダーの表示内容を設定する

R10のファインダーは、インフォボタンを押すことで表示内容を変更することができる。表示内容を少なくして被写体に集中するか、表示内容を多くして設定内容を把握できるようにするか、被写体や撮影スタイルによって使い分けよう。

■表示内容を変更する

表示内容の変更は、カメラ背面のインフォボタンを押すだけだ❶。R10のファインダーの表示形式は3種類ある。使いやすい表示を選ぼう。

■表示されるパターンを選択する

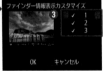

静止画撮影タブから「撮影情報表示設定」を選択する❶。

「ファインダー情報表示カスタマイズ」を選択する❷。

3パターンのうちどの内容を表示するかを選択する❸。

■表示項目を変更する

「ファインダー情報表示カスタマイズ」を選択した後にインフォボタンを押すと、ファインダー内に表示する項目を変更することができる。「詳細撮影情報」「ヒストグラム」「水準器」の3項目から選択する。

5 OVFビューアシストを設定する

R10のファインダーには、撮影設定が反映された映像が写し出されている。そのため、肉眼で見ているイメージではなく、撮影される画像に近いイメージになっている。ファインダー、またはモニターの映像を肉眼で見ているような自然な見え方にするのが、OVFビューアシストだ。

静止画撮影タブから「OVFビューアシスト」を選択する❶。

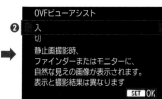

「入」を選択すると❷、OVFビューアシストがONになる。

■OVFビューアシスト「入」でのファインダー表示

一眼レフカメラの光学ファインダーは、撮影設定が反映されず、肉眼で見ているのと同じように被写体の姿を見ることができた。OVFビューアシストは、そうした一眼レフの撮影スタイルをミラーレスカメラでも踏襲するために生まれた機能だ。OVFビューアシストを「入」にしている場合、ファインダーに写っている映像と撮影した画像の仕上がりが異なることになる。

OVFビューアシストは、電子ビューファインダーでも光学ファインダーに近い写りを実現する機能だ。ただし、撮影設定はファインダーやモニターに反映されなくなる。撮影後に必ず画像を確認しよう。

まとめ

● ファインダーの表示内容を覚えてすばやく操作する
● OVFビューアシストで光学ファインダーに近い映りにする

モニターの操作を覚えよう

Keyword モニター／バリアングル式液晶モニター

R10のモニターは、バリアングル式液晶モニターを採用している。約104万ドットで、ファインダーよりも画質は劣るものの、撮影に支障はないと言えるだろう。ファインダーと同様に、表示されるアイコンの種類や位置を覚えておこう。

1 モニターの表示内容を覚える

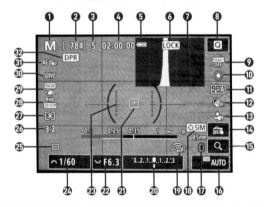

❶ 撮影モード	⓫ 検出する被写体	㉕ ドライブモード
❷ 撮影可能枚数	⓮ タッチシャッター／フォルダ作成	㉖ 静止画アスペクト比
❸ 連続撮影可能枚数		㉗ 測光モード
❹ 動画撮影可能時間	⓯ 拡大ボタン	㉘ 動画記録サイズ
❺ バッテリー残量	⓰ ISO感度	㉙ 記録画質
❻ マルチ電子ロック警告	⓱ Bluetooth機能	㉚ AF動作
❼ ヒストグラム	⓲ 露出シミュレーション	㉛ AFエリア
❽ クイック設定ボタン	⓳ Wi-Fi機能	㉜ フォーカスブラケット撮影／HDR撮影／多重露出撮影／マルチショットノイズ低減／バルブタイマー撮影／インターバルタイマー撮影／DPRAW撮影
❾ フリッカーレス撮影	⓴ 露出レベル表示	
❿ ホワイトバランス／ホワイトバランス補正	㉑ AFフレーム	
	㉒ 絞り値	
⓫ ピクチャースタイル	㉓ 水準器	
⓬ クリエイティブフィルター	㉔ シャッタースピード	

2 バリアングル式液晶モニターを活用する

R10のバリアングル式液晶モニターは、モニターを引き出して上下方向に動かすことができる。カメラを顔から離して撮影する時や、モニターを180度回転させて自撮りする時などに便利だ。

十字キーの左下にあるツメを引っ張ってモニターを引き出し、180度回転させる❶。

上下に回転させる場合は、モニターの上側を手前に引く❷。

ハイポジションの場合は画面を下向きに❸、ローポジションの時は画面を上向きにすると❹、モニターを見ながら撮影できる。

自撮りをする場合は、モニターを180度回転させて、画面とレンズを自分に向ける❺。

まとめ

- モニターの表示内容を覚える
- R10のモニターはバリアングル式液晶モニター
- 自撮りの際には180度回転させて画面とレンズを自分に向ける

Keyword モニター／バリアングル式液晶モニター／自分撮り／タッチシャッター

1

R10の基本操作をマスターしよう

機材の用意や設定の準備が整ったら、実際に撮影してみよう。R10はシーンインテリジェントオートが全自動のオートモードになり、シャッターボタンを押すだけで撮影できる。まずは写真を撮る楽しさを感じてみよう。

1 シーンインテリジェントオートで撮影する

R10は「シーンインテリジェントオート」が全自動の撮影モードになる。モードダイヤルを「A+」に合わせ、シャッターボタンを半押ししてピントを合わせ、全押しして撮影する。

モードダイヤルをA+に合わせる❶。

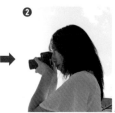

ファインダーかモニターを見て、被写体にカメラを向ける❷。

シャッターボタンを半押しすると、カメラが被写体を自動で検出してピントを合わせる❸。

シャッターボタンを全押しして撮影する❹。

2 タッチシャッターで撮影する

R10のモニターはタッチパネルになっており、画面を触ることで設定を整えたりシャッターを切ったりできる。ここではタッチシャッターで撮影する方法について解説する。

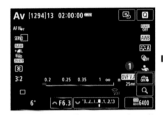

モニター右下の「タッチシャッター」をONにする❶。

モニター上でピントを合わせたい被写体をタッチすると❷、AFが作動してピントが合い、シャッターが切られる。

3 セルフタイマーで撮影する

被写体がブレてしまう時や、自分も写真に写りたい時は、セルフタイマーを使おう。セルフタイマーは、シャッターボタンを全押ししてから数秒後に撮影される機能だ。撮影までの秒数は、2秒と10秒のどちらかから選ぶ。

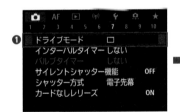

静止画撮影タブから「ドライブモード」を選択する❶。

「セルフタイマー：10秒」❷「セルフタイマー：2秒」❸のどちらかを選択して撮影する。セルフタイマーは、シャッターボタンでもタッチシャッターでも有効だ。

まとめ

- 機材や設定の準備が整ったらまずは撮影してみる
- 「シーンインテリジェントオート」が全自動の撮影モード
- タッチシャッターやセルフタイマーを活用する

Section 07 画像を再生／削除しよう

Keyword 再生／削除

撮影した画像は再生し、必ず確認しよう。特にピントや構図の確認は入念に行いたい。RAW現像を行う場合、露出や色はある程度の調整が効くが、ピントは調整が効かないからだ。RAW現像に頼らず、撮影現場で写真を完成させる意識を持とう。

1 画像を再生して確認する

画像の再生は、▶ボタンを押すだけでできる。再生された画像は、拡大したり一覧表示にしたりできるので、必要に応じて表示形式を変更しよう。

■画像を再生する

カメラ背面にある再生ボタンを押すと❶、画像が再生される❷。

十字キーの◀▶を押すと❸、前後に保存された画像が再生される❹。

■画像を拡大・縮小する

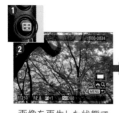  

画像を再生した状態で拡大／縮小ボタンを押すと❶、画像が拡大される❷。

メイン電子ダイヤルを回すと❸、画像が拡大／縮小される❹。

メイン電子ダイヤルを左に回し続けると❺、画像が一覧表示される❻。

2 画像を削除する

不要な画像は削除して、メモリーカードの容量を確保しておこう。画像の削除は⌫ボタン（十字キーの▼）から行う。ただし、撮影中は画像の詳細な確認ができない可能性があるため、撮影が一段落し、十分な画像の確認ができた後に、不要な画像を削除するようにしよう。

■ 画像を1コマ削除する

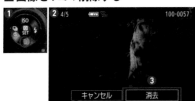

削除する画像を再生し、十字キーの▼を押すと❶、確認画面が表示される❷、「消去」を選択すると❸、画像が削除される。

■ 複数の画像を削除する

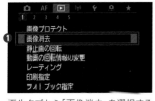

再生タブから「画像消去」を選択する❶。

「選択して消去」を選択する❷。

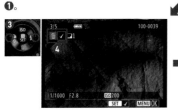

十字キーの◀▶で画像を表示し❸、クイック設定ボタンを押して削除する画像を選択する❹。

選択し終わったらメニューボタンを押し、「OK」を選択して❺、画像を削除する。

まとめ

- 再生ボタンを押して画像を再生する
- 画像は拡大／縮小表示したり、一覧表示したりできる
- 不要な画像は削除する

Section
08

R10の撮影モードを知ろう

Keyword かんたん撮影ゾーン／応用撮影ゾーン

R10の撮影モードは、撮影設定をカメラが自動で調整する「かんたん撮影ゾーン」と、絞りやシャッタースピードなどを自分で設定できる「応用撮影ゾーン」に分かれている。各ゾーンやモードの特徴を覚えて使い分けよう。

1 撮影モードを設定する

R10の撮影モードは、モードダイヤルを回すことで設定できる。各モードの特徴を踏まえて使い分けよう。

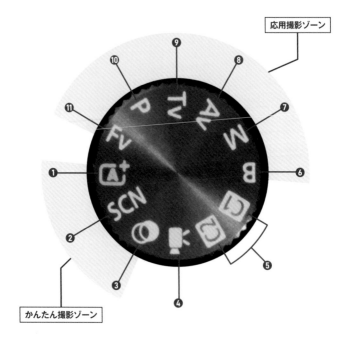

応用撮影ゾーン

かんたん撮影ゾーン

❶～❸がかんたん撮影ゾーン、❻～⓫が応用撮影ゾーン。

2 | R10の撮影モード

R10の撮影モードは全部で11種類ある。そのうち3種類が「かんたん撮影ゾーン」で、6種類が「応用撮影ゾーン」だ。残りは「カスタム撮影モード」と「動画撮影」という構成になっている。

かんたん撮影ゾーン	❶ シーンインテリジェントオート	全自動撮影ができるモード。カメラが撮影シーンを解析し、シーンに適した設定を自動的に行う。また、被写体の動きを検知して、止まっている被写体や動いている被写体に、自動でピントを合わせる。
	❷ スペシャルシーンモード	被写体やシーンに合わせて撮影モードを選ぶことで、撮影に適した機能が自動設定されて撮影するモード。
	❸ クリエイティブフィルターモード	フィルター効果を付けた画像を撮影するモード。
❹ 動画撮影		動画を撮影するモード。アスペクト比や露出などの設定が動画用に切り替わる。
❺ カスタム撮影モード		撮影機能やメニュー機能、カスタム機能など、現在カメラに設定されている内容を、カスタム撮影モードとして登録する。
応用撮影ゾーン	❻ B:長時間露光（バルブ撮影）	絞り値のみを設定し、シャッターボタンを押している間、シャッターが開き続ける。
	❼ M:マニュアル露出	シャッタースピード、絞り値、ISO感度など、露出に関する設定を撮影者が決める。ISOオート時は露出補正も設定できる。
	❽ Av:絞り優先AE	撮影者が絞り値を設定し、カメラがシャッタースピードを自動的に設定する。
	❾ Tv:シャッター優先AE	撮影者がシャッタースピードを設定し、カメラが絞り値を自動的に設定する。
	❿ P:プログラムAE撮影	被写体の明るさに応じて、カメラがシャッタースピードと絞りを自動的に設定する。撮影者はシャッタースピードと絞り値の組み合わせを設定できる。
	⓫ Fv:フレキシブルAE撮影	「①シャッタースピード」「②絞り値」「③ISO感度」、①②③それぞれの「オート（自動設定）」と「任意設定」、および「④露出補正」を自由に組み合わせて撮影することができる。

まとめ

- モードダイヤルを回して撮影モードを設定する
- R10の撮影モードは全部で11種類ある

Section 09 シーンインテリジェントオートで撮影しよう

Keyword シーンインテリジェントオート

シーンインテリジェントオートは、カメラがすべての設定を自動で決め、撮影者がシャッターボタンを押すだけで撮影できる撮影モードだ。また、「クリエイティブアシスト」を使用することで、仕上がりの印象を直感的に変えることができる。

1 シーンインテリジェントオートで撮影する

シーンインテリジェントオートでの撮影は、モードダイヤルを合わせ、レンズを繰り出し、シャッターボタンを押すだけだ。

バッテリーとSDカードを装填し、カメラの電源を入れ、モードダイヤルをシーンインテリジェントオートに合わせる❶。

準備が完了したら、カメラを被写体に向けシャッターボタンを押す❷。これだけで撮影は完了だ。

2 クリエイティブアシストを使う

シーンインテリジェントオートは全自動で撮影できるが、自分のイメージ通りの写真に仕上がっていないことも多い。そういった場合に有効なのが「クリエイティブアシスト」だ。「背景ぼかし」「明るさ」など、仕上がりの印象を直感的に変えることができる。

撮影画面でクイック設定ボタンを押すと❶、画面下部にクリエイティブアシストのモードが表示される❷。十字キーの◀▶でカーソルを移動させ、クイック設定ボタンで任意のモードを選択する。

効果の度合いを調整するスライダーが表示されるので❸、十字キーの◀▶で調整する。

■ クリエイティブアシスト一覧

プリセット	「VIVID」「SOFT」など、用意された効果の中から選ぶ。[B&W]を設定した時は、[鮮やかさ][色あい1][色あい2]は選べない。
背景ぼかし	背景のボケ具合を設定する。設定値が大きいほど背景がくっきりし、設定値が小さいほど背景がぼけた画像になる。[オート]に設定すると、明るさに応じて背景のボケ具合が変わる。
明るさ	画像の明るさを設定する。
コントラスト	コントラスト(明暗差)の強さを設定する。
鮮やかさ	色の鮮やかさを設定する。
色あい1	アンバーとブルーの色あいを設定する。
色あい2	グリーンとマゼンタの色あいを設定する。
モノクロ	モノクロで撮影するときの色調を設定する。

まとめ

- ● シーンインテリジェントオートでかんたんに撮影する
- ● クリエイティブアシストで仕上がりを設定する

Section 10 スペシャルシーンモードで撮影しよう

Keyword スペシャルシーンモード

スペシャルシーンモードは、ポートレート、風景など、選択したシーンに応じて自動で撮影できるモードだ。クイック設定があり、AFエリアの大きさや位置を変えることができるなど、シーンインテリジェントオートよりも設定項目が増えている。

1 スペシャルシーンモードで撮影する

スペシャルシーンモードは、モードダイヤルから設定する。任意のモードを設定できたら、あとは撮影するだけだ。

モードダイヤルをスペシャルシーンモードに合わせる❶。

クイック設定ボタンを押して❷、クイック設定を表示し、「スペシャルシーン」を選択する❸。

任意のモードを選択して撮影する❹。

スペシャルシーンモードで設定できるモードは15種類ある。
「スポーツ」や「流し撮り」など、上級者向けのテクニックが必要なシーンも選択できる。撮影シーンに応じて使い分けよう。

自分撮り	画像処理によって肌がなめらかに見えるよう美肌の効果をかける。また、明るさや背景を自分好みに設定し、自分が浮き立つような画像にする。
ポートレート	背景をぼかして、人物を浮き立たせた写真を撮る。肌や髪の毛の質感が柔らかな写真になる。
美肌	人物の肌をきれいに写す。画像処理によって肌がなめらかに見えるような効果をかける。
集合写真	手前から奥の人物まで、ピントが合った写真を撮ることができる。
風景	近くから遠くまでピントの合った写真を撮る。空や緑が鮮やかで、くっきりした写真になる。
パノラマショット	シャッターボタンを全押ししたままカメラを一定の方向に動かして撮影し、連続撮影した画像を合成してパノラマ画像を作成する。
スポーツ	シャッタースピードを速め、動いている被写体を正確に撮影する。
キッズ	シャッタースピードを速め、AFサーボで被写体を追い、動きの予測できない被写体を撮影する。また、肌色も健康的になる。
流し撮り	被写体の背景が流れるような、スピード感のある写真を撮影できる。
クローズアップ	花や小物などに近づいて大きく写す。
料理	明るく、おいしそうな色あいの写真になる。また、白熱電球下などで撮影する時は、光源による赤みを抑えた写真になる。
夜景ポートレート	人物と、その背景にある夜景を明るくきれいに写す。撮影には内蔵ストロボまたは外部ストロボが必要。
手持ち夜景	1回の撮影で4枚連続撮影し、手ブレを抑えた画像が1枚記録される。
HDR逆光補正	明るいところと暗いところが混在する逆光シーンで、1回の撮影で明るさの異なる3枚の画像を連続撮影し、特に逆光による黒つぶれを抑えた広い階調の画像が1枚記録される。
サイレントシャッター	シャッター音や電子音を鳴らさずに写真を撮る。

まとめ

- スペシャルシーンモードは、シーンを選んでフルオートで撮影するモード
- R10のスペシャルシーンモードは15種類ある

Section 11 クリエイティブフィルターモードで撮影しよう

Keyword クリエイティブフィルターモード

クリエイティブフィルターモードは、ラフモノクロ、トイカメラ風など、フィルター効果を付けた画像を撮影するモードだ。通常の写真ではなく、エフェクトを加えて一風変わった印象の写真を撮影できる。

1 クリエイティブフィルターモードで撮影する

クリエイティブフィルターモードは、モードダイヤルから設定する。フィルター効果は、クイック設定画面から選択する。

モードダイヤルをクリエイティブフィルターモードに合わせる❶。

クイック設定ボタンを押して❷、クイック設定を表示し、「クリエイティブフィルター」を選択する❸。

任意のモードを選択する❹。

クイック設定画面に戻り、「フィルター効果の強さ」にカーソルを合わせ❺、◀▶またはメイン電子ダイヤルを回して、効果の度合いを設定する❻。

2 クリエイティブフィルターの種類を知る

クリエイティブフィルターモードで設定できるモードは、10種類ある。写真の仕上がりが劇的に変わるため、自分のイメージに合うフィルターを選ぼう。

ラフモノクロ	ざらついた感じの白黒写真になる。コントラストを調整することで、白黒の印象を変えることができる。
ソフトフォーカス	やわらかい雰囲気の写真になる。ぼかし具合を調整することで、印象を変えることができる。
魚眼風	魚眼レンズで撮影したように、タル型にゆがんだ写真になる。フィルター効果のレベルによって、画像周辺のカットされる領域が変わる。
水彩風	水彩画のように、やわらかい色の写真になる。効果を調整することで、色の濃度を変えることができる。
トイカメラ風	トイカメラで撮影したような独特の色調に仕上がり、画面の四隅が暗い写真になる。
ジオラマ風	画面の上下にぼけ効果が乗り、被写界深度が浅くなっているように見せることで、ジオラマ（ミニチュア模型）風の写真になる。ジオラマ枠とAFフレームは移動させることができる。
HDR絵画調標準	白とびや黒つぶれが緩和された写真になる。コントラストを抑えたフラットな階調のため、絵画のような仕上がりになる。
HDRグラフィック調	「HDR絵画調標準」よりも鮮やかで、コントラストを抑えたグラフィックアートのような仕上がりになる。
HDR油彩調	鮮やかで被写体の立体感が強調された、油絵のような仕上がりになる。
HDRビンテージ調	鮮やかさ、明るさ、コントラストを抑えたフラットな階調に仕上げ、色あせた古めかしい雰囲気の写真になる。

まとめ

- クリエイティブフィルターモードは、写真にエフェクトを加えて印象を変えるモード
- R10のクリエイティブフィルターモードは10種類ある

カメラをメンテナンスしよう

風が吹いている屋外で撮影したり、屋内でもホコリが舞う中で撮影したりすれば、カメラには汚れが付着する。特にレンズ球面、カメラとレンズの接合部、カメラの撮像素子などは、常に清潔に保ちたい部分だ。レンズ球面や撮像素子にゴミが付着していると、撮影した際に画像の中にゴミが写り込んでしまう。レンズの接合部にゴミがあれば、レンズとカメラがうまく連携できずにAFが作動しないなどのトラブルが起こる可能性がある。ブロワーやクロス、専用の洗浄液を使って、丁寧にメンテナンスしよう。

メンテナンスに欠かせない道具がブロワー。シリコン部分を握ることで空気を噴出し、ホコリを飛ばす。ただし勢いよく握りすぎると、風圧が強くなりカメラを傷つけてしまうので、優しく噴射しよう。

カメラのボディ表面、撮像素子、レンズ球面、カメラとレンズの接合部など、ホコリがたまる部分に吹きかける。

撮像素子、レンズ接合部、レンズ球面にブロワーをかける際は、必ずカメラを下に向ける。ブロワーで吹きかけたホコリが、再び落ちてしまっては意味がないからだ。

ブロワーで取りきれないゴミは、クロスを使って拭き取る。メガネ拭きなど繊維が細かいものがよい。ティシューは繊維が粗く、傷つけてしまうためNGだ。

Section
01 ピントを理解しよう

Keyword ピント／被写界深度／絞り値

人は写真を見た時、ピントが合っている被写体を主役としてとらえる。逆に言えば、もっとも見せたい被写体にピントを合わせることで、主役として目立たせることができる。正確にピントを合わせるためにも、まずはピントのしくみを知ろう。

1 主役にピントを合わせる

ピントを正確に合わせることは、写真撮影の基礎だ。もっとも見せたい被写体にピントを合わせて主役として見せる。RAW現像であとから調整できる露出や色とは違い、ピントは撮影現場でしか調整できないので、慎重に合わせよう。

手前の被写体が主役

手前の葉にピントが合っている写真。葉が写真の主役だとわかる。

奥の被写体が主役

奥の苔にピントが合っている写真。画面の中で葉が大きな面積を占めているが、鮮明に写っているのは奥の苔だ。

2 被写界深度を知る

ピントが合っている範囲のことを被写界深度という。「ピントを合わせる」とは、撮影者が被写界深度の位置と深さを調整することだ。ピントの位置はAFとMFという2つの合わせ方があり、ピントの深さは絞り値で設定する。

被写界深度が浅い ➡ ボケやすい

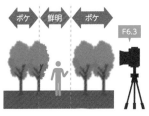

被写界深度が深い ➡ 鮮明になる

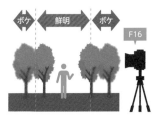

絞り値を小さくすると被写界深度が浅くなり、ピントが合う範囲が狭くなる（ボケが大きくなる）。絞り値を大きくすると被写界深度が深くなり、ピントが合う範囲が広くなる（シャープに写る）。

| F6.3 | F16 |

左の写真はF6.3で撮影し、背景がボケている。右の写真はF16で撮影しており、F6.3と比較すると背景が鮮明に写っている。

まとめ

- 写真を見る人はピントが合っている被写体を主役だと認識する
- 撮影者はピントを合わせる被写体によって主役を決める
- ピントが合っている範囲のことを被写界深度という

Section 02 フォーカスモードを理解しよう

Keyword フォーカスモード／AF／MF

ピント合わせの方法を「フォーカスモード」と呼び、カメラ任せの「オートフォーカス（AF）」と、撮影者が自ら合わせる「マニュアルフォーカス（MF）」の大きく2種類に分けられる。それぞれの特徴を踏まえて使い分けよう。

1 フォーカスモードを設定する

R10のフォーカスモードは、カメラ前面のフォーカスモードスイッチで切り替える。ただし、レンズにフォーカスモードスイッチがある場合はレンズのスイッチが優先され、カメラのスイッチは機能しなくなる。

カメラもしくはレンズのフォーカスモードスイッチを任意のモードに合わせる❶。

AFの場合、シャッターボタンを半押しするとAFが作動し、ピントが合う❷。

MFの場合、レンズについているピントリングを回してピントを合わせる❸。

2 AFで撮影する

主役がはっきりしていてAFでもピントを合わせられる場合や、動く被写体を撮影する場合などは、AFが向いている。シャッターボタンを半押ししてAFを作動させ、ピントが合ったら全押しして撮影する。

飛んでいる飛行機を木々の間から撮影。AFですばやくピントを合わせて撮影した。

3 MFで撮影する

意図したピント合わせがAFでは難しかったり、ピント位置をあえてずらしたりする場合は、MFで撮影する。ピントリングを回す操作に時間がかかるため、じっくりと撮影できるシーンで使用するとよいだろう。

生い茂る木々に日の光が差し込んでいる風景を撮影。AFでは正確なピント合わせが難しかったため、絞り値をF8に設定して被写界深度をやや深くとり、手前の葉にピントが合うようにMFで合わせた。

まとめ

- ピント合わせにはAFとMFの2種類がある
- AFは主役がはっきりしているシーンに向いている
- MFはAFでピントを合わせられない場面で使用する

AF動作の種類を知ろう

Keyword AF動作／ワンショットAF／サーボAF

AF動作とは、AFの動作特性のことだ。一度ピントが合ったらピント位置を固定する「ワンショットAF」と、シャッターボタンを押している間中ピントを追い続ける「サーボAF」の2種類がある。

1 AF動作を設定する

R10のAF動作は、フォーカスモードスイッチを「AF」に合わせた後に、クイック設定画面で設定する。操作頻度が高い機能なので、正確に設定できるようにしよう。

カメラもしくはレンズのフォーカスモードスイッチを「AF」に合わせる❶。

クイック設定画面からAF動作を選択し、任意のモードに合わせる❷。

被写体にAFフレームを合わせてピントを合わせる❸。

2

ピント合わせの機能を使いこなそう

2 ワンショットAFで撮影する

ワンショットAFでは、シャッターボタンを半押しして一度ピントが合うと、再び離すか撮影が完了するまでピント位置が固定される。動かない被写体を撮影する時に向いている。

カラフルなサッカーボールを撮影。動かない被写体のため、ボールの色合いを見てじっくり構図を決め、ワンショットAFで撮影した。

3 サーボAFで撮影する

サーボAFでは、シャッターボタンを半押しするとピント合わせを行い、半押ししている間はAFフレームがある場所にピントを追い続ける。スポーツ、子ども、動物など、動く被写体を撮影する時に向いている。

グラウンドを駆け回る子どもを撮影。いつ、どこへ、どのくらいの速さで走り出すかまったく予想がつかないため、すばやくピントを合わせて撮影する必要がある。サーボAFに設定し、子どもと並走しながら撮影した。

まとめ

- AF動作とはAFの動作特性のこと
- ワンショットAFは一度ピントが合うとピント位置を固定する
- サーボAFはピントが合った被写体を追い続ける

2

ピント合わせの機能を使いこなそう

45

Section 04 AFエリアの種類を知ろう

Keyword AFエリア／AFフレーム

AFエリアとは、AFフレームの大きさや動作を設定する機能のこと。画面の中で主役が占める面積が小さい場合は小さいAFエリア、画面に奥行きがなく全体にピントを合わせたい場合は大きいAFエリア、といった使い分けをする。

1 AFエリアを設定する

R10のAFエリアは、フォーカスモードスイッチを「AF」に合わせた後に、クイック設定画面で設定する。選択できるAFエリアは全8種類だ。

カメラもしくはレンズのフォーカスモードスイッチを「AF」に合わせる❶。

クイック設定画面からAFエリアを選択し、任意のモードに合わせる❷。

被写体にAFフレームを合わせてピントを合わせる❸。

2 R10で設定できるAFエリア

R10で設定できるAFエリアは8種類ある。また、「フレキシブルゾーンAF」の1〜3は、AFフレームの大きさや形状を変更することができる。

スポット1点AF	1点AFよりも狭い範囲でピント合わせを行う。
1点AF	1つのAFフレームでピント合わせを行う。
領域拡大AF	1つのAFフレームを中心に、周辺のAFエリアでピント合わせを行う。1点AFでは被写体の追従が難しい、動きのある被写体を撮影する時に有効。「フレキシブルゾーンAF」よりも狙った被写体にピントを合わせやすい特性を持っている。
領域拡大AF(周囲)	1つのAFフレームを中心に、周辺のAFエリアでピント合わせを行う。「領域拡大AF」よりも、動きのある被写体をとらえやすい。
フレキシブルゾーンAF1	1点AFよりも広いAFフレームでピント合わせを行う。AFフレームの大きさや形状を変更できる。
フレキシブルゾーンAF2	
フレキシブルゾーンAF3	
全域AF	画面全体のAFフレームでピント合わせを行う。1点AF、領域拡大AF、フレキシブルゾーンAFよりも被写体をとらえやすく、動きのある被写体を撮影する時に有効。もっとも近い被写体に限らず、動いている被写体や人の顔、動物の顔、乗り物、被写体との距離など、さまざまな条件によってピント合わせの領域を決定する。

■ フレキシブルゾーンAFの AFフレームを変更する

クイック設定からフレキシブルゾーンAFを選択し❶、⊞ボタンを押す❷。

メイン電子ダイヤルで横幅❸、サブ電子ダイヤルで縦幅を設定する❹。

まとめ

- AFエリアとは、AFフレームの大きさや動作を設定する機能
- R10で設定できるAFエリアは全8種類
- 「フレキシブルゾーンAF」はAFフレームの大きさを変更できる

Section 05 AFフレームを動かして ピントを合わせよう

Keyword AFフレーム

R10のAFは、AFフレーム上の被写体にピントを合わせる。AF
フレームは、画面上で位置を動かすことができる。例えばAF
フレームを画面右上に配置し、右上の被写体にピントを合わせ
る、といった撮影も可能だ。

1 AFフレームを動かす

AFフレームの移動は、⊞ボタンから設定する方法と、モニタ
ーをタッチしてAFを作動させるタッチAFの2通りがある。タ
ッチAFの場合、タッチシャッターをOFFにしておけば、AFの
み作動させることができる。

⊞ボタンを押して❶、AFフレームの
選択画面を表示する❷。

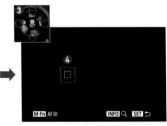

十字キーの◀▶▲▼を押して❸、AF
フレームを動かす❹。

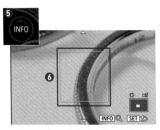

インフォボタンを押すと❺、AFフレー
ムのあるポイントが拡大される❻。も
う一度押すとさらに拡大される。

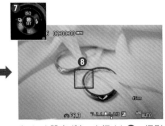

クイック設定ボタンを押すと❼、撮影
画面に戻る❽。

左側縦書き：2　ピント合わせの機能を使いこなそう

■タッチAFでAFフレームを動かす

R10は、初期設定ではタッチシャッターがONになっており、モニターを触るとその場所にピントが合い撮影まで行われる。タッチシャッターをOFFにし❶、その上でモニターをタッチすると❷、AFフレームが移動しAFのみ作動させることができる。

2 タッチ&ドラッグAFを利用する

ファインダーを覗きながらモニターを触ることで、AFフレームの位置を動かす機能を「タッチ&ドラッグAF」という。AFタブからタッチ&ドラッグAF設定を「する」に設定して使用する。

AFタブから「タッチ&ドラッグAF設定」を選択する❶。

「する」を選択する❷。

ファインダーを覗きながら右手でモニターを触ったりドラッグしたりすると❸、AFフレームの位置が移動する❹。

まとめ

- AFフレームは画面上で動かすことができる
- タッチ操作でAFフレームを動かすことができる
- タッチ&ドラッグAFでファインダーを覗きながらAFフレームを動かす

2

ピント合わせの機能を使いこなそう

AF動作とAFエリアを組み合わせよう

Keyword AF動作／AFエリア

AFは、AF動作とAFエリアを組み合わせることによって効果を発揮する。例えばスポーツの撮影では、被写体がどのように動くか予測できないので、AF動作はサーボAFで被写体を追い続け、AFエリアは全域AFでやや広くとる、といった具合だ。

1 ワンショットAFとスポット1点AF

ワンショットAFは、動かない被写体に対して使用することが多い。動かない被写体であれば、広いAFエリアが必要になる場面は少ないため、もっとも小さいスポット1点AFでピントを合わせるのがよいだろう。

ニレの葉を望遠で撮影。被写体が動く心配がなかったので、ワンショットAFとスポット1点AFでピントを合わせた。

ピント合わせの機能を使いこなそう

2 サーボAFと領域拡大AF

動きが規則的で、次の動作をある程度予測できる被写体の場合は、サーボAFと領域拡大AFがよいだろう。サーボAFで被写体を追いかけつつ、領域拡大AFでAFフレームの周辺までピントを追うことができる。

動く電車をサーボAFで追いかけて撮影した。電車の走るコースは予測できるため、領域拡大AFでAFフレーム周辺までカバーしてピントを合わせた。

3 サーボAFと全域AF

サッカーやバスケなど、動きが不規則で読みづらく、狙った被写体の前後に別の被写体が割り込んでくる可能性がある場合は、サーボAFと全域AFを使用しよう。

激しく競り合うサッカーのワンシーンを撮影。ボールや選手がどこへ動くのか予測が難しいため、サーボAFで追いかけつつ、全域AFで画面内の全域をカバーして撮影した。

まとめ

- AF動作とAFエリアの組み合わせを考えて撮影する
- 動かない被写体はワンショットAFとスポット1点AF
- 動く被写体にはサーボAFを使用し、動きを予測できるかどうかでAFエリアを変更する

フォーカス機能を
微調整しよう

Keyword サーボAF特性／被写体追尾

AFに関する機能は、サーボAF特性、被写体追尾(トラッキング)など、微調整を行うことができる。デフォルトの機能のままでも十分使用できるが、微調整することによってより繊細なピント合わせが可能になる。

1 サーボAF特性を設定する

サーボAFは、動く被写体を撮影する時に向いている。しかし、「動く被写体」といっても、電車のように動きを予測できるのか、球技や子どものように不規則な動きなのか、といった要素で撮影の方法は変わる。こうした動きに対応する機能が、サーボAF特性だ。

サーボAF特性は全5種類。AFタブの中から任意のモードを選択する❶。

Case1

動きのある被写体全般に適応する、標準的な設定。多くの被写体、撮影シーンに対応できる。

ピント合わせの機能を使いこなそう

2

Case2

障害物がAFフレームを横切った時や、AFフレームが被写体から外れた時でも、できるだけ被写体にピントを合わせ続ける。障害物や背景にピントを合わせたくない時に有効。

Case3

AFフレーム内のもっとも近い被写体にピントを合わせ続ける。最初にピントを合わせた後、被写体の手前に新たな被写体が入り込んだ時は、新たな被写体にピントを合わせる。

Case4

被写体の急加速、急減速、急停止にも対応し、ピントを合わせ続ける。

AUTO

被写体の動きの変化に応じ、サーボAF特性をカメラが判断して切り替える。被写体追従特性、速度変化に対する追従性が自動設定される。

2 被写体追尾（トラッキング）を設定する

サーボAFでは、シャッターボタンを半押している間、AFフレームがある場所にピントを合わせ続ける。そのサーボAFの機能を、シャッターボタンを半押ししてピントを合わせた被写体を自動で追い続けるように変更するのが「被写体追尾（トラッキング）」だ。特定の被写体にピントを合わせたいが、被写体の動きが予測できない場合に使うとよい。なお、下記で解説する方法のほかに、クイック設定からも設定できる。

2

ピント合わせの機能を使いこなそう

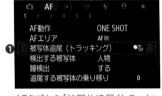

AFタブから「被写体追尾（トラッキング）」を選択する❶。

「する」を選択する❷。なお、初期設定で「する」になっている。

シャッターボタンを反押ししてピントを合わせると❸、ピントが合った被写体を追い続ける❹。

動きが予測できない被写体を撮影

グラウンドで自由奔放に遊ぶ子どもを撮影した。どのように動くかまったく予想できなかったので、「被写体追尾(トラッキング)」を「する」に設定してピントを追った。

3 追尾する被写体の乗り移りを設定する

「被写体追尾(トラッキング)」を設定して一度ピントを合わせた後、別の被写体がファインダー内に入り込んだ時に、ピントを合わせる被写体を変更するかどうかを設定する。例えば、特定の被写体のみを追いかけたい場合は「しない0」、常に一番手前の被写体に合わせたい場合は「する2」など、状況によって使い分けよう。

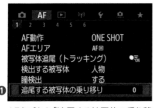

AFタブから「追尾する被写体の乗り移り」を選択する❶。

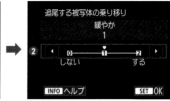

「しない0」、「緩やか1」、「する2」の中から選択する❷。

例えば「する2」に設定すると、ピントを合わせた後に別の被写体がファインダー内に入り込んだ時に、ピント位置が自動で切り替わる。

複数の被写体が行き交う中で撮影

画面右の選手にピントを合わせたかったので、「追尾する被写体の乗り移り」を「しない0」に設定。サッカーではさまざまな選手が行き交うため、ピントを合わせる被写体を変更するかどうかは重要な設定だ。

4 人物を中心に追尾する

R10のAFの追尾機能は、カメラが被写体を判別して、どの被写体に優先的にピントを合わせるかを設定することができる。中でも重宝するのが「人物」だ。瞳検出（P.58）と組み合わせて使うことで、人物の顔を中心にピントを合わせることができる。特にポートレート撮影で重宝するだろう。

2

ピント合わせの機能を使いこなそう

AFタブから「検出する被写体」を選択する**①**。

「人物」を選択する**②**。

「瞳検出」（P.58）だけでも人物の顔にピントを合わせてくれるが、「検出する被写体」を「人物」に設定しておけば、より安心してAFを合わせられる。

カメラ設定

撮影モード モード プログラムAE　絞り値 F4.5　シャッタースピード 1/80秒　露出補正 ±0
ISO感度 400　ホワイトバランス オート　使用レンズ RRF-S18-150mm F3.5-6.3 IS STM
焦点距離 24mm(36mm)

5 動物や乗り物を追尾する

人物以外に判別可能な被写体が、動物と乗り物だ。動物は顔や瞳を検出するので、人物と同様に「瞳検出」と組み合わせて使用することでより正確なピント合わせが可能になる。乗り物は、車体の一部や全体を検出してピントを合わせることができる。

検出する被写体	
人物	🏃
動物優先	🐕
乗り物優先	🚗
なし	OFF

SET OK

P.56❷の画面で、「動物優先」または「乗り物優先」を選択する。

動物は、いつどの方向に動き出すか、人間以上に予測がつかない。AFはなるべくカメラに任せ、構図や背景に集中して撮影する方がよい。

乗り物は動きが予測できることが多いため、カメラも検出しやすい。電車の撮影などでは、写り込む景色も写真を構成する重要な要素だ。

まとめ

- サーボAFは特性を設定することができる
- 「被写体追尾（トラッキング）」を「する」に設定すると、ピントを合わせた被写体を追い続ける
- 追尾する被写体を変更するかどうかを設定できる

Section 08 瞳検出を設定しよう

Keyword 瞳検出／AFエリア／AFフレーム

瞳検出とは、人物や動物の目をカメラが検出し、AFでピントを合わせる機能だ。モデルや子どもを撮影するポートレートでは、目にピントを合わせることが基本となる。そのため、高精度で瞳にピントを合わせる瞳検出が欠かせない。

1 瞳検出を設定する

瞳検出は、AFタブから「瞳検出」を設定し、「被写体追尾(トラッキング)」を「する」に設定する必要がある。また、AFフレームの形状と位置もピント合わせに影響する。

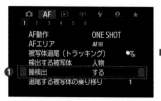

AFタブから「瞳検出」を選択する❶。

「する」を選択する❷。

クイック設定ボタンを押してクイック設定画面を表示し、「AFエリア」にカーソルを合わせ❸、インフォボタンを押して「被写体追尾(トラッキング)」をオンにする❹。

AFエリアを任意のモードに合わせる❺。

AFエリアが「全域AF」の場合、画面全体の中から人物や動物の目をカメラが自動で検出し、ピントを合わせる⑥。

「スポット1点AF」など、AFフレームの大きさが限定される場合でも、人物の瞳は検出する⑦。

全域AFに設定し、人物の両目が画面内に入っている場合、マルチコントローラーを左右に動かすことで⑧、どちらの目にピントを合わせるかを選択できる⑨。

2 瞳検出で撮影する

瞳検出が活躍するのはポートレートだ。どれだけ正確に目にピントを合わせられるかで、写真の出来が左右される。シビアなピント合わせをカメラ任せにできるのは大きなメリットだ。

壁に寄りかかるモデルを撮影。瞳検出で目にピントを合わせた。ポートレート撮影では、モデルの表情を引き出すコミュニケーションも重要だ。

まとめ

● 瞳検出とは、人物や動物の目にAFでピントを合わせる機能
● ポートレートは目にピントを合わせるのが基本

MFで撮影しよう

Keyword MF

MFとは「マニュアルフォーカス」のことだ。レンズのピントリングを回して、手動でピントを合わせる。ピントを合わせたい被写体が小さい時や、前後に別の被写体があってAFでは合わせられない時などに使用する。

1 MFでピントを合わせる

MFを使用するには、カメラもしくはフォーカスモードスイッチを「MF」に合わせた上で、レンズのピントリングを回す。モニターの撮影距離表示やMFピーキング設定、撮影画面の拡大など、ピントが正確に合っているかどうかを確認する機能も活用しよう。

■MFでピントを合わせる

カメラもしくはレンズ前面のフォーカスモードスイッチを「MF」に合わせる❶。

レンズのピントリングを回し、ピントを合わせる❷。

■撮影距離表示を目安にする

モニターやファインダーには、画面下部に撮影距離表示がある❶。これは、カメラ上面の⊖マークから、現在ピントが合っている位置までの距離を表している。

■拡大表示でピントを確認する

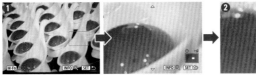

⊞ボタンを押して十字キーを操作すると、AFフレームを動かすことができる**❶**。

インフォボタンを押すと、AFフレームの場所が拡大表示される**❷**。拡大倍率は5倍と10倍の2種類。

■ピーキング表示を設定する

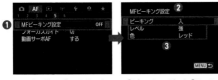

AFタブから「MFピーキング設定」を選択する**❶**。

「ピーキング」を「入」にする**❷**。「レベル」「色」も任意で設定する**❸**。

2 MFで撮影する

MFが活躍するのは、AFでピントを合わせられない場面だ。複数の被写体が複雑に絡み合う場面、ピントを合わせたい被写体が小さい場面、曇天のコントラストが低い場面などで使おう。

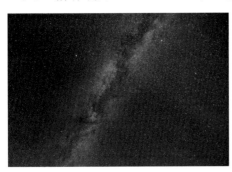

星の撮影はMFが活躍する代表的なシーンだ。被写体が暗く、なおかつ小さいため、AFで合わせるのは至難の業。カメラを構えて、MFでじっくりピントを合わせよう。

まとめ

- ●MFは撮影者が手動でピントを合わせる機能
- ●AFでピントを合わせられない場面で使用する
- ●星の撮影はMFの代表的なシーン

ピントは面で考えよう

ピントを合わせる際は、主役となる被写体にAFフレームを合わせてピントを合わせる。そのためピント合わせは「点」で行うと考えることが多いかもしれない。しかし実際には、ピント合わせは「面」で行われている。例えばカメラから50cm先の被写体にピントを合わせた場合、同じ距離感にある別の被写体にもピントが合っている、ということだ。また、ピント位置の起点はカメラの撮像素子で、カメラ上部に「$\ominus$」というマーク（撮像面マーク）で記載されている。レンズごとに設定されている最短撮影距離も、このマークが起点となる。

撮像素子からの距離でピントの位置が決まる。50cmの位置にピントを設定した場合、同じ距離にある別の被写体にもピントが合っている。

カメラ上部にある撮像面マークは、ほとんどすべてのカメラに刻印されている。

露出を理解しよう

Keyword 露出／絞り／シャッタースピード

デジタルカメラは、レンズから入った光を電気信号に変換し、画像として記録する機器だ。取り込む光の量を「露出」と呼び、光の量が多ければ多いほど写真は明るくなり、少なければ少ないほど暗くなる。

1 絞りと露出の関係

絞りとは、光を取り込むレンズの穴の大きさを調整する機構だ。穴の大きさは「絞り値」「F値」と呼ばれ、「F1.8」などと表記される。数値が小さいほど穴は大きくなり、多くの光を取り込むため、写真は明るくなる。数値が大きいほど穴は小さくなり、取り込む光は少なくなるため、写真は暗くなる。また、設定できる絞り値はレンズによって異なり、各レンズが設定できる最小の絞り値を「開放絞り値」という。

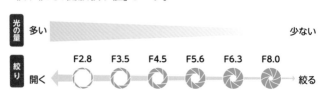

絞りと露出の関係を示したのが上記のイラストだ。絞り値が小さいほど穴が大きくなり、光の量は多くなる。また、絞りは被写界深度(P.41)にも影響する。

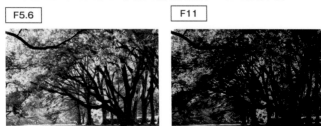

シャッタースピード、ISO感度、測光モードを同じ設定にして、絞り値だけを変えたのが上の2枚の写真だ。絞り値が小さいほど、明るい写真になることがわかる。

2 シャッタースピードと露出の関係

シャッタースピードとは、シャッターが開いている時間のことだ。「秒」の単位で表され、「1/250秒」などと表記される。シャッタースピードは短い／長い、あるいは速い／遅いと言われることが多く、短い(速い)ほど光が少ないため暗い写真になり、長い(遅い)ほど光が多いため明るい写真になる。

1/500秒

1/125秒

絞り値、ISO感度、測光モードを同じ設定にして、シャッタースピードだけを変えて撮影した。シャッタースピードが長いほど、明るい写真になることがわかる。

3 絞りとシャッタースピードを組み合わせる

実際の撮影では、絞りとシャッタースピードに加え、ISO感度や露出補正、測光を操作して露出を調整する。絞りは被写界深度、シャッタースピードはブレ表現に影響するので、表現意図によって使い分けることも多い。

F5.6、1/4000秒

F16、15秒

この2枚の画像は、絞り値もシャッタースピードも違う数値だが、露出は同じくらいの明るさになっている。一方、シャッタースピードの違いによって水の流れの表現が変わっている。

4 ヒストグラムを使用する

カメラのモニターで画像を再生すると、本来の画像とは違う明るさで見えることがある。例えば夜の撮影時にモニターで画像を再生すると、実際よりも明るく見えることが多い。正確に露出を測るためには、ヒストグラムを使うとよい。ヒストグラムは明るさの分布を表したグラフのことで、グラフが右に寄るほど明るく、左に寄るほど暗い画像になる。中央付近なら標準露出ということになる。

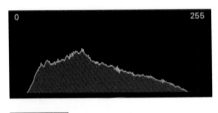

ヒストグラムは、インフォボタンを押すことで表示できる。撮影中や再生時に表示し、露出を確認しよう。

露出アンダー

標準露出よりも暗い写真を「露出アンダー」という。ヒストグラムは左寄りに分布される。

標準露出

ヒストグラムが中央付近に分布されるのが「標準露出」だ。

露出オーバー

標準露出よりも明るい写真を「露出オーバー」という。ヒストグラムは右寄りに分布される。

5 標準露出と適正露出の違い

標準露出とは、画像全体の明るさのバランスがよい状態のことをいう。しかし、画像全体を標準露出にすることによって、主役として見せたい被写体がやや暗くなってしまうなど、必ずしも標準露出が最適とは言えない場合もある。このような場合、標準露出よりもあえて明るい写真に仕上げることで、主役を目立たせる。このように、カメラが判断した標準露出でなく、撮影者が表現に合わせて調整した露出のことを適正露出という。

標準露出

道に生えている雑草を撮影した。標準露出となり、ヒストグラムの分布もよいが、やや暗い印象だと感じた。

適正露出

同じ被写体をやや明るく撮影した。ヒストグラムはわずかに右に動き、写真も明るいイメージになった。

まとめ

- カメラはレンズから光を取り込んで画像として記録する
- 取り込む光の量を「露出」という
- 露出は主にシャッタースピードと絞りを組み合わせて調整する

Section 02 プログラムAEで撮影しよう

Keyword プログラムAE

プログラムAEは、絞り値とシャッタースピードをカメラが自動で設定するモードだ。撮影者は、絞り値とシャッタースピードの組み合わせを選択すればよい。絞りとシャッタースピードの組み合わせを変えることを「プログラムシフト」という。

1 プログラムAEに設定する

プログラムAEは、モードダイヤルを「P」に合わせることで設定できる。プログラムシフトは、シャッターボタンを半押しし、メイン電子ダイヤルを回して設定する。

モードダイヤルを「P」に合わせる❶。

シャッターボタンを半押ししてメイン電子ダイヤルを回す。プログラムシフトが作動して、シャッタースピードと絞り値の組み合わせが変わる❷。

シャッターボタンを半押ししてサブ電子ダイヤルを回す。露出補正が変更され、画像を明るくするか暗くするかを設定できる❸。

2 プログラムAEで撮影する

プログラムAEはシーンインテリジェントオート（P.32）の使用感に近く、応用撮影ゾーンの中ではもっともかんたんに扱うことができる。露出の設定はカメラに任せ、ボケ具合やブレ表現、構図などの調整に集中しよう。

青空をバックに観覧車を撮影した。プログラムAEで撮影することで露出の設定をカメラ任せにできたため、構図に集中できた。

カメラ設定

撮影モード プログラムAE　絞り値 F20　シャッタースピード 1/4000秒　露出補正 −0.6
ISO感度 2500　ホワイトバランス 太陽光　使用レンズ RF-S18-150mm F3.5-6.3 IS STM
焦点距離 57mm(85.5mm)

ウッドデッキの階段を撮影した。影の部分と日の光が当たっている部分で輝度差が激しく露出の設定が難しかったため、プログラムAEで自然な明るさにした。

カメラ設定

撮影モード プログラムAE　絞り値 F8
シャッタースピード 1/2000秒　露出補正 −1.3
ISO感度 400　ホワイトバランス 太陽光
使用レンズ RF-S18-45mm F4.5-6.3 IS STM
焦点距離 45mm(67.5mm)

まとめ

● プログラムAEは、絞り値とシャッタースピードをカメラが決めるモード

● シーンインテリジェントオートに近く、応用撮影ゾーンの中ではもっとも扱いがかんたん

絞り優先AEで
撮影しよう

Keyword 絞り優先AE

絞り優先AEは、撮影者が設定した絞り値に応じて、標準露出になるようにカメラがシャッタースピードを設定するモードだ。絞り値は写真のボケ具合に影響し、数値が低いほどボケやすく、数値が大きいほどシャープになる。

1 絞り優先AEに設定する

絞り優先AEは、モードダイヤルを「Av」に合わせることで設定できる。絞り値は、メイン電子ダイヤルを回すことで設定できる。

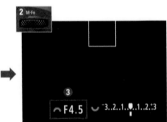

モードダイヤルを「Av」に合わせる❶。

メイン電子ダイヤルを回すと❷、絞り値が変更される❸。

F5.6

F11

同じ場面で、絞り値を変えて撮影した2枚。F5.6の写真は、背景が大きくボケている。F11の写真は、背景もシャープに写っている。

2 絞り優先AEで撮影する

絞り優先AEは、応用撮影ゾーンの中でも特に使用頻度が高いモードだ。絞りはボケ表現を決めるため、ボカしたい場面と全体をシャープに写したい場面で使い分けることが多い。露出が足りない場合や、意図的に明るさを変えたい場合は、露出補正やISO感度で調整する。

カフェの窓際でラテアートを撮影した。コーヒーの絵柄に焦点を当てたかったので、開放絞値で撮影し、背景をボカした。

カメラ設定

撮影モード 絞り優先AE　絞り値 5.6　シャッタースピード 1/100秒　露出補正 ±0
ISO感度 400　ホワイトバランス オート　使用レンズ RF-S18-45mm F4.5-6.3 IS STM
焦点距離 33mm(49.5mm)

横浜の夜景を撮影した。手前の船と奥のビル群をどちらもシャープに写したかったため、F11まで絞った。三脚を使用し手ブレを防いでいる。

カメラ設定

撮影モード 絞り優先AE　絞り値 11　シャッタースピード 5秒　露出補正 -0.6
ISO感度 400　ホワイトバランス 太陽光　使用レンズ RF24-105mm F4 L IS USM
焦点距離 40mm(60mm)

まとめ

- 絞り優先AEは、撮影者が絞り値を設定するモード
- 使用頻度が高く、ボケ表現によって使い分ける
- 絞り値を小さくするとボケやすく、大きくするとシャープになる

Keyword シャッター優先AE

シャッター優先AEは、撮影者が設定したシャッタースピードに応じて、標準露出になるようにカメラが絞り値を設定するモードだ。シャッタースピードは、写真の動感表現に影響する。

1 シャッター優先AEに設定する

シャッター優先AEは、モードダイヤルを「Tv」に合わせることで設定できる。シャッタースピードは、メイン電子ダイヤルを回すことで設定できる。

モードダイヤルを「Tv」に合わせる**❶**。

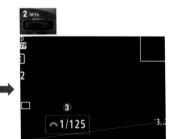

メイン電子ダイヤルを回すと**❷**、シャッタースピードが変更される**❸**。

1/160秒

1/2秒

同じ場面で、シャッタースピードを変えて撮影した2枚。1/160秒の写真は水の動きが止まって見える。1/2秒は水が線となって移り、流れている様子がわかる。

2 シャッター優先AEで撮影する

シャッター優先AEは、遅いシャッタースピードで被写体をブラして動感を表現するか、速いシャッタースピードで被写体を止めて写すか、という表現の違いによって使い分けることができる。

1/1000秒

ブランコで遊ぶ子どもの様子を撮影した。激しく動く中で笑顔の瞬間を捉えるため、シャッター優先AEで撮影した。

カメラ設定

撮影モード 優先AE　絞り値 F4
シャッタースピード 1/1000秒　露出補正 +0.3
ISO感度 400　ホワイトバランス 太陽光
使用レンズ RF-S18-150mm F3.5-6.3 IS STM
焦点距離 18mm(27mm)

30秒

観覧車が回っている様子を、30秒の長時間露光で撮影した。光る被写体を長いシャッタースピードで写すと、光跡となって表現される。

カメラ設定

撮影モード シャッター優先AE　絞り値 25　シャッタースピード 30秒　露出補正 −0.3
ISO感度 100　ホワイトバランス オート　使用レンズ RF70-200mm F2.8 L IS USM
焦点距離 108mm(162mm)

まとめ

- シャッター優先AEは、撮影者がシャッタースピードを設定するモード
- 被写体のブレをどのように表現するかで使い分ける
- 遅い速度に設定すれば被写体はブレて写り、速い速度に設定すれば被写体は止まって写る

Section 05 フレキシブルAEで撮影しよう

Keyword フレキシブルAE

フレキシブルAEとは、絞り値、シャッタースピード、露出補正、ISO感度のうち、設定できる数値を撮影者が選択できるモードだ。例えば絞り値とシャッタースピードを撮影者、露出補正とISO感度をカメラが決める、といった設定ができる。

1 フレキシブルAEに設定する

フレキシブルAEは、モードダイヤルを「Fv」に合わせ、サブ電子ダイヤルで設定する項目を選択、メイン電子ダイヤルで具体的な数値を設定、という手順で操作する。

モードダイヤルを「Fv」に合わせる❶。

サブ電子ダイヤルを回すと❷、撮影者が設定する項目を選択できる❸。

メイン電子ダイヤルを回すと❹、サブ電子ダイヤルで選択した項目の数値を設定できる❺。

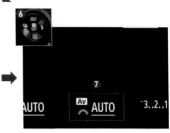

🗑ボタンを押すと❻、すべての設定がAUTOに戻る❼。

2 フレキシブルAEで撮影する

フレキシブルAEは、撮影したいイメージが明確な場合に使う。例えばブレの度合いや背景のシャープさが明確に決まっていれば、絞り値とシャッタースピードを自分で決める。その数値に合わせてISO感度をカメラが決める、という具合だ。

静かにゆらめく海面の質感を表現するため絞りはF8に設定。動きを静止して表現するためシャッタースピードは1/200秒とし、ISO感度の数値はカメラが決定している。

カメラ設定

撮影モード フレキシブルAE　絞り値 8　シャッタースピード 1/200秒　露出補正 ±0
ISO感度 100　ホワイトバランス 色温度(4000K)　使用レンズ RF-S18-45mm F4.5-6.3 IS STM
焦点距離 45mm(67.5mm)

なめらかなプリントを作るため、ISO感度は100。手ぶれしないようシャッタースピードは1/125に設定して、絞り値をカメラが自動で決めている。

カメラ設定

撮影モード フレキシブルAE　絞り値 F9
シャッタースピード 1/125秒　露出補正 ±0
ISO感度 100　ホワイトバランス くもり
使用レンズ RF-S18-150mm F3.5-6.3 IS STM
焦点距離 38mm(57mm)

まとめ

● フレキシブルAEは、撮影者が設定する項目を選べるモード
● 明確なイメージがある時に使用する

露出補正で 明るさを調整しよう

Keyword 露出補正

露出補正とは、写真に対して「もっと明るく」「もっと暗く」といった指示を出して、明るさを調整することができる機能だ。カメラが判断する標準露出では、撮影者がイメージする仕上がりと異なる場合などに使用する。

1 露出補正を設定する

露出補正の設定は、基本的にサブ電子ダイヤルを回して行う。ただし、フレキシブルAE、マニュアルでのISOオート時は操作が違うので注意が必要だ。バルブ設定時は露出補正は使えない。

■P、Av、Tv時の設定方法

P、Av、Tv時は、サブ電子ダイヤルを回すことで❶、露出補正を設定できる❷。

■Fv時の設定方法

サブ電子ダイヤルを回して露出レベル表示を選択し❶、メイン電子ダイヤルを回して❷、露出補正を設定する❸。

■M時の設定方法

M-Fnボタンを押してメニューを表示し❶、サブ電子ダイヤルを回して露出補正を選択する❷。

メイン電子ダイヤルを回して露出補正を設定する❸。

露出にこだわって撮影しよう

2 露出補正で明るさを調整する

露出補正は、カメラによって動作が変わる。R10の場合、例えば絞り優先AE時にプラス補正をかけると、シャッタースピードが遅くなるか、ISO感度が上がる。露出補正を使用する時は、どの数値が変化したのかに注意しよう。

+1

明るいイメージを持たせたかったので、ひまわりをプラス補正で撮影した。標準露出よりも明るめの写真を「ハイキー」という。

3

露出にこだわって撮影しよう

カメラ設定

撮影モード 絞り優先AE　絞り値 F6.3　シャッタースピード 1/400秒　露出補正 +1
ISO感度 400　ホワイトバランス 太陽光　使用レンズ RF15-30mm F4.5-6.3 IS STM
焦点距離 17mm(25.5mm)

−2/3

シャンデリアを暗めに撮影した。光っている照明に注目させたかったため、マイナス補正をかけて背景を暗くした。標準露出よりも暗い写真を「ローキー」という。

カメラ設定

撮影モード 絞り優先AE　絞り値 F4
シャッタースピード 1/2000秒　露出補正 −2/3
ISO感度 800　ホワイトバランス 太陽光
使用レンズ RF35mm F1.8 MACRO IS STM
焦点距離 35mm(52.5mm)

まとめ

- 露出補正は、写真の明るさを調整する機能のこと
- 標準露出より明るめの写真を「ハイキー」という
- 標準露出より暗めの写真を「ローキー」という

測光モードを使い分けよう

Keyword 測光モード

測光モードは、カメラが明るさを測る方法を設定する機能だ。画面中央のみといった部分的な指定のほか、ハイライト部を基準に設定することもできる。測光モードによって、同じ露出設定でもまったく違う明るさの写真に仕上がる。

1 測光モードを設定する

測光モードは、クイック設定画面から設定するのがもっとも速くかんたんだ。4つのモードから任意の項目を選択する。

P.16の方法でクイック設定画面を表示し、「測光モード」を選択して任意のモードを選択する❶。

評価測光

撮影シーンに応じてカメラが自動で測光方式を決める。画面全体のバランスを見て測光するため、撮影シーンを問わずに使用できる。基本的には「評価測光」に設定しておけばOKだ。

部分測光

画面内の特定の部分が標準露出になるように測光する。測光部分は、画面内に円で表示される。

スポット測光

「部分測光」よりもさらに小さい円で測光する。測光部分は、画面内に表示される。

中央部重点平均測光

中央部を中心に、画面全体を平均的に測光する。

まとめ

- 測光モードは、明るさをどのように測るかを設定する機能
- 基本的には「評価測光」に設定しておけばOK

ISO感度を理解しよう

Keyword ISO感度

ISO感度とは、カメラが感じる明るさの感度を調節するモードだ。「ISO200」などと表記され、数値が低いほど感度が低く、数値が高いほど感度が高い。ただし、感度が高いほど写真にノイズが発生しやすくなり、ざらざらとした写真になる。

1 ISO感度を設定する

ISO感度は、カメラ背面のISOボタンを押して設定する。また、ISO感度の数値の範囲や、AUTO時の範囲など、詳細な設定を行うことができる。

カメラ背面のISOボタンを押すと❶、ISO感度の設定画面が表示されるので❷、任意の数値を設定する。

■ISO感度の詳細設定

静止画撮影タブから「ISO感度に関する設定」を選択する❶。

任意の項目を選択する❷。

「ISO感度の範囲」は、設定できるISO感度の上限と下限を設定する。

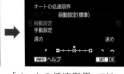

「オートの範囲」は、ISO AUTO時の上限と下限を設定する。

「オートの低速限界」では、ISO AUTO時のシャッタースピードをどこまで遅くできるかを設定する。

露出にこだわって撮影しよう

2 ISO感度を設定して撮影する

ISO感度を高めるのは、暗い環境下で明るさを確保し、なおかつシャッタースピードを速めに設定したい時だ。明るさを確保するだけなら、絞りを開いたりシャッタースピードを遅く設定したりすればよいが、手持ち撮影でシャッタースピードを遅くすると手ブレが起こる可能性が高くなる。そこでISO感度を高めることで、速いシャッタースピードでも明るく写せるようにする。

横浜のベイブリッジを撮影した。広角レンズで手持ち撮影ができるギリギリの1/2秒に設定。日が沈みかけた「トワイライトタイム」の雰囲気を出した。

カメラ設定

撮影モード 絞り優先AE　絞り値 F6.3　シャッタースピード 1/2秒　露出補正 ±0
ISO感度 1600　ホワイトバランス 色温度（4000K）　使用レンズ RF24-105mm F4 L IS USM
焦点距離 35mm（52.5mm）

ONE POINT　ISO感度とノイズの関係

ISO感度は高くすれば高くするほど、写真にざらざらとしたノイズが発生する。これを「高感度ノイズ」と呼ぶ。近年のカメラはノイズが発生しにくくなっているが、ノイズは発生しないに越したことはない。そのため、通常の撮影では低めのISO感度に設定することが多い。

まとめ

- ISO感度とは、カメラが明るさを受け取る感度のこと
- ISO感度が高いほど写真は明るくなる
- ISO感度を高くすると高感度ノイズが発生する

Section 09 ノイズ低減機能を使おう

Keyword 長秒時露光のノイズ低減／高感度撮影時のノイズ低減

写真にはノイズが発生することがある。ノイズの原因は、主に高ISO感度と長時間露光だ。2つのノイズは発生するしくみが異なるため、ノイズ低減機能も「高感度撮影時のノイズ低減」と「長秒時露光のノイズ低減」の2種類がある。

1 高感度撮影時のノイズ低減を設定する

P.80で解説した通り、ISO感度を高く設定するとノイズが発生することがある。ISO感度を高くすると、撮像素子が受けた光を増幅させる。増幅時に発生するのが高感度ノイズだ。「高感度撮影時のノイズ低減」は、写真に発生したノイズを取り除く機能だ。ただし、効果を強くしすぎると、写真のシャープさや色の階調が失われるので注意したい。

静止画撮影タブから「高感度撮影時のノイズ低減」を選択する❶。

任意の項目を設定する❷。

ONE POINT マルチショットノイズ低減

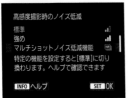

マルチショットノイズ低減とは、1回の撮影で4枚の画像を連続撮影し、1枚に合成することで、ノイズをおさえた写真に仕上げる機能だ。「強め」よりもさらにノイズをおさえることができる。ただしJPEGデータしか保存できないため、RAWやDP RAW設定時は使用できない。

2 長秒時露光のノイズ低減を設定する

もう1つのノイズが長秒時ノイズだ。デジタルカメラは、撮像素子が光を取り込んだ後、そのデータを画像処理エンジンで処理することで画像として記録する。長秒露光を行った時、撮像素子と画像処理エンジンが熱を帯びることで、長秒時ノイズが発生する。このノイズを低減させるのが「長秒時露光のノイズ低減」だ。R10の「長秒時露光のノイズ低減」は、シャッタースピード1秒以上の設定で撮影した時に作動する。

静止画撮影タブから「長秒露光時のノイズ低減」を選択する❶。

任意の項目を設定する❷。

ONE POINT 撮影時間と同じだけ処理時間がかかる

長秒時露光のノイズ低減を「自動」または「する」に設定すると、シャッタースピードと同じ分の処理時間がかかることがある。30秒のシャッタースピードなら、撮影直後に30秒の処理を行い、撮影とノイズ低減で合計1分かかる、ということだ。処理中はモニターに「BUSY」と表示される。

まとめ

- ノイズには高感度ノイズと長秒時ノイズの2種類がある
- ノイズの種類によって「高感度撮影時のノイズ低減」と「長秒時露光のノイズ低減」を使い分ける
- 「長秒時露光のノイズ低減」ではシャッタースピードと同じだけの処理時間がかかることがある

Section **10** 内蔵ストロボを使おう

Keyword 内蔵ストロボ

R10にはストロボが内蔵されており、かんたんなフラッシュ撮影を楽しむことができる。正面からの照射のみのため補助的な使用に限られるが、詳細な設定を行うことで本格的なフラッシュ撮影に近づけることもできる。

1 内蔵ストロボを使用する

内蔵ストロボは、カメラ上部のストロボを手で持ち上げるだけで使用できる。また詳細設定を行うことで、スローシンクロなど、ストロボ特有の表現を楽しむことができる。

カメラ上部の内蔵ストロボを手で持ち上げると❶、撮影時にストロボが発光される。

■内蔵ストロボの詳細設定

静止画撮影タブから「ストロボ制御」を選択する❶。

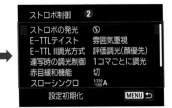

任意の項目を設定する❷。「外部ストロボ機能設定」「外部ストロボカスタム機能設定」は、別売りの外部ストロボを取り付けた際に設定できる。

2 内蔵ストロボを使って撮影する

内蔵ストロボは、露出設定だけでは光量が足りない場合などに使用するとよい。ただし、光の方向が調整できず、被写体に直接光を当てるため、不自然な明るさになりやすい。なるべく弱い光で、あくまで補助的に使うのがよいだろう。

通常発光で花を撮影した。花びらの中心やしべの部分が暗い色の花だったので、内蔵ストロボでほんの少し明るく写した。

カメラ設定

撮影モード 絞り優先AE　絞り値 F8　シャッタースピード 1/125秒　露出補正 −0.3
ISO感度 100　ホワイトバランス 太陽光　使用レンズ RF-S18-150mm F3.5-6.3 IS STM
焦点距離 150mm(225mm)

シャッタースピードを遅く設定し、ストロボを通常発光する技術を「スローシンクロ」という。夜景と人物を同時に写す場合などに向いている。

カメラ設定

撮影モード 絞り優先AE　絞り値 F1.8　シャッタースピード 1/15秒　露出補正 ±0
ISO感度 800　ホワイトバランス 太陽光　使用レンズ RF35mm F1.8 MACRO IS STM
焦点距離 35mm(52.5mm)

まとめ

- R10には内蔵ストロボが搭載されている
- 正面からの照射しかできないため補助的に使う
- 遅いシャッタースピードでストロボ発光することをスローシャッターという

3
露出にこだわって撮影しよう

マニュアル／バルブで
撮影しよう

Keyword マニュアル／バルブ

マニュアルとは、露出に関する項目をすべて撮影者が設定する
モードのことだ。ただし、ISO感度と露出補正はオートに設定
することができる。バルブは、シャッターボタンを押している
間、シャッターが開き続けるモードだ。

1 マニュアルに設定する

マニュアルは、モードダイヤルを「M」に合わせることで設定す
る。メイン電子ダイヤルでシャッタースピード、サブ電子ダイ
ヤルで絞り値を設定する。

モードダイヤルを「M」に合わせる❶。

メイン電子ダイヤルを回すと❷、シャッタースピードを設定できる❸。

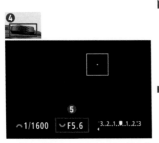

サブ電子ダイヤルを回すと❹、絞り値を設定できる❺。

M-Fnボタンを押すと❻、露出補正を設定できる❼。

2 マニュアルで撮影する

マニュアルは露出に関する設定をすべて撮影者が行うため、上級者向けのモードと言える。ボケやブレといった表現のイメージを明確に持っておき、ヒストグラムで露出を確認しながら撮影する。

海辺や砂浜は太陽光が反射され、露出の設定が難しい場面だ。絞り優先AEやシャッター優先AEでは、暗い写真に仕上がることが多い。そこで撮影モードをマニュアルにし、少し明るめに撮影して適正露出を確保した。

カメラ設定

撮影モード マニュアル　絞り値 F8　シャッタースピード 1/125秒　露出補正 ±0　ISO感度 100
ホワイトバランス 太陽光　使用レンズ RF70-200mm F2.8 L IS USM
焦点距離 100mm(150mm)

曇り空のどんよりとした雰囲気を表現したかったので、マニュアルで暗めに撮影した。手前のビル群は黒つぶれしておらず、ディテールを表現できている。

カメラ設定

撮影モード マニュアル　絞り値 F16　シャッタースピード 1/1600秒　露出補正 ±0
ISO感度 400　ホワイトバランス 色温度(3600K)
使用レンズ RF-S 18-150mm F3.5-6.3 IS STM　焦点距離 29mm(43.5mm)

3 露出にこだわって撮影しよう

3 バルブに設定して撮影する

バルブは、モードダイヤルを「B」に合わせることで設定する。メイン電子ダイヤルで絞り値を設定し、シャッターボタンを押す時間でシャッタースピードを調整する。長時間露光を行うことが前提のモードだ。

モードダイヤルを「B」に合わせる❶。

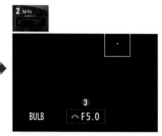

メイン電子ダイヤルを回すと❷、絞り値を設定できる❸。

波が当たる岸壁を撮影した。120秒(2分間)の長時間露光によって、水面が霧のように表現された。

カメラ設定

撮影モード モード バルブ　絞り値 F16　シャッタースピード 120秒　露出補正 ±0　ISO感度 100
ホワイトバランス 太陽光　使用レンズ RF24-105mm F4 L IS USM　焦点距離 72mm(108mm)

まとめ

- マニュアルは、露出設定をすべて自分で決めるモード
- バルブはシャッターボタンを押している間シャッターが開く
- どちらも撮影イメージを明確に持っている上級者向けのモード

Chapter 4

交換レンズを使いこなそう

交換レンズの基本を知ろう

Keyword 画角／焦点距離

画角とは、写真に写る範囲を角度で表したもの。画角に影響するのが焦点距離で、レンズの中心から撮像素子までの距離のことだ。焦点距離と画角は、レンズ交換によって変化し、写真表現を大きく変えることができる。

1 レンズの構成と各部名称

レンズは種類によって形状が異なるが、基本的な構成は同じだ。まずはレンズ構成と各部名称を覚えて、正確に扱えるようになろう。今回はキットレンズである「RF-S18-150mm F3.5-6.3 IS STM」を例に構成を解説する。

フィルター取り付け ねじ部
フィルター類を取り付けるネジ接合部。

フォーカス／ コントロールリング
MF時にピント位置を調整するリング。

ズームリング
焦点距離を変えるリング。単焦点レンズには搭載されていない。

ズーム指標
現在の焦点距離を表す指標。ズームリングを回して数値を変更する。

接点
カメラボディとレンズをつなぐ電気接合部。

2 レンズ名の読み方を知る

レンズにはそれぞれ固有の名前がつけられており、レンズ名がそのままスペックを示している。つまり、レンズ名の読み方を覚えればレンズのスペックがわかり、どんな画角でどれくらいのボケを作れるのかなど、おおよその仕上がりをイメージできる。

RF-S
EOS Rシリーズ対応のRFレンズであることを示している。

F4.5-6.3
開放絞り値が広角端でF4.5、望遠端でF6.3であることを示している。

IS
手ブレ補正機構搭載のレンズであることを示している。

18-45mm
焦点距離が18mmから45mmの間で調整できることを示している。

STM
超音波モーター搭載レンズであることを示している。

3 レンズの種類と特徴

レンズの区別の仕方は大きく2つある。焦点距離の長短と、ズーム機能の有無だ。例えば焦点距離16mmしか持たないレンズは、「広角の単焦点レンズ」ということになる。ただし、焦点距離の長短に「○○mm以下は広角レンズ」といった明確な基準はなく、あくまで目安となる。

■焦点距離による区別

広角レンズ	35mm判換算で35mm以下の焦点距離を持つレンズ。
標準レンズ	35mm判換算で36mm〜70mm程度の焦点距離を持つレンズ。
望遠レンズ	35mm判換算で71mm以上の焦点距離を持つレンズ。

■ズーム機能による区別

ズームレンズ	ズーム機能を持ち、複数の焦点距離で撮影できるレンズ。
単焦点レンズ	ズーム機能がなく、単一の焦点距離のみで撮影するレンズ。

4 | 焦点距離によるレンズの種類を知る

レンズ交換による最大のメリットは、焦点距離を変えられることだ。風景を広く写すのか、人間の視野角に近い範囲で写すのか、特定の被写体にズームアップするのか、レンズの選択によって変えることができる。

広角レンズ

焦点距離が短く、広い範囲を写すことができる。建物の全体を写す時や、風景を広く撮る時などに向いている。また、前景と背景の遠近感を強調することもできる。

標準レンズ

50mm前後の焦点距離を持ち、人間の視野角に近い範囲を写すことができる。人物ポートレートやスナップなどに向いている。

望遠レンズ

焦点距離が短く、遠くにある被写体を大きく写すことができる。特定の被写体にクローズアップして写すことが多く、ボケや圧縮効果を使った表現が特徴的だ。

焦点距離の他に、ズーム機能の有無がレンズ選びの大きな要素となる。複数の焦点距離を持ち、ズームが可能なレンズを「ズームレンズ」と呼ぶ。単一の焦点距離しか持たず、ズームができないレンズを「単焦点レンズ」と呼ぶ。

ズームレンズ

複数の焦点距離を持ち、レンズの操作のみで画角に写る被写体を変えられるレンズ。撮影者が動かなくても、ズームすることで遠くの被写体を大きく写すことができる。ただし、単焦点レンズよりも開放絞り値が大きくなる傾向があり、画質もやや劣る場合も多い。

単焦点レンズ

単一の焦点距離しか持たないレンズ。被写体の大きさを変えるためには、撮影者が動く必要がある。ズームレンズと比べて開放絞り値が小さく、画質がすぐれていることも多い。

まとめ

- レンズの構成を知って正しく扱う
- レンズの名前からスペックがわかる
- 画角とズームの有無でレンズの種類が分かれる

標準ズームレンズを使おう

Keyword 標準ズームレンズ

被写体を見たままに近い、自然な画角で撮れるのが標準ズームレンズだ。構図やフレーミングがしやすく、狭い空間を広く見せることもできる。日常的なスナップ写真やポートレート、自然風景まで、被写体を選ばずに幅広く使えるのが特徴だ。

1 RF-S18-45mm F4.5-6.3 IS STM

35mm判換算で29〜72mmの焦点距離をカバーする、約130gで小型軽量の使いやすい標準ズームレンズ。作例は、被写体との距離が近い撮影シーンで、女性のポートレートと周囲の空間を広角域の18mmで1枚にとらえた。

カメラ設定	
撮影モード	絞り優先AE
絞り値	F4.5
シャッタースピード	1/125秒
露出補正	±0
ISO感度	400
ホワイトバランス	オート
使用レンズ	RF-S18-45mm F4.5-6.3 IS STM
焦点距離	18mm(27mm)

2 最短撮影距離を覚えて撮る

雨が降った公園で、蜘蛛の巣に水滴が淡く光っていた。レンズをMFに設定して、焦点距離18mm、最短撮影距離0.25m（AFでは0.35m）でとらえた。焦点距離18mmの場合、AF0.25m、MF0.35mが最短撮影距離と覚えて、近接撮影を楽しもう。

カメラ設定

撮影モード 絞り優先AE
絞り値 F6.3
シャッタースピード 1/1600秒
露出補正 ±0
ISO感度 800
ホワイトバランス 太陽光
使用レンズ RF-S18-45mm
F4.5-6.3 IS STM
焦点距離 18mm(27mm)

3 光の状態を見極め背景をボカして撮る

歴史的建築物の中で、階段の手すりの造形が目に入った。光はカーテンで拡散したやわらかな逆光状態だ。露出補正を＋1/3で画面を明るくし、手すりのデザイン的な造形にピントを合わせ、絞りを開放F4.5にして背後がボケるように撮影した。

カメラ設定

撮影モード 絞り優先AE
絞り値 F4.5
シャッタースピード 1/50秒
露出補正 ＋1/3
ISO感度 800
ホワイトバランス オート
使用レンズ RF-S18-45mm
F4.5-6.3 IS STM
焦点距離 20mm(30mm)

まとめ

- 標準ズームレンズは自然な画角で撮影できる
- 最短撮影距離を把握して近接撮影をする
- ふと出会ったシーンで光と背景を意識して印象的に写す

4

交換レンズを使いこなそう

広角ズームレンズを使おう

Keyword 広角ズームレンズ

目で見るよりも広い範囲を撮影できるのが広角ズームレンズだ。自然風景と雲などを同時に写して空間の広がりを見せたり、遠近感を強調したメリハリのある撮影、画面全体にピントがあった自然や都市風景の撮影に向いている。

4

交換レンズを使いこなそう

1 RF15-30mm F4.5-6.3 IS STM

広角ズームレンズの特徴の1つが、広い画角を活かした表現だ。撮影のポイントは、気になった被写体の面積を写真の画面の中で大きく取ることだ。作例ではレインボーブリッジを画面下に配置し、レンズを少し上に向けて、空間の広がりを伝える雲の面積を広く切り取っている。

カメラ設定					
撮影モード	絞り優先AE	絞り値	11	シャッタースピード	1/4000秒
露出補正	−1 2/3	ISO感度	400	ホワイトバランス	太陽光
使用レンズ	RF15-30mm F4.5-6.3 IS STM				
焦点距離	15mm（27.5mm）				

2 ワイドマクロの撮影

広角ズームでは、広角端で接写をしながら、背景も写すワイド
マクロの撮影が得意だ。作例では焦点距離15mm、AF時の最
短撮影距離280mmで花に近づき、広い画角と開放F4.5で背景
をぼかして状況を伝えている。

> **カメラ設定**
>
> 撮影モード 絞り優先AE
> 絞り値 F4.5
> シャッタースピード 1/2000秒
> 露出補正 −2/3
> ISO感度 400
> ホワイトバランス 太陽光
> 使用レンズ RF15-30mm F4.5-
> 6.3 IS STM
> 焦点距離 15mm(27.5mm)

3 ワイド端で被写体をダイナミックにとらえる

レンズの焦点距離15mmを使い、
遠近感を強調してダイナミック
に遊歩道を撮影した。遠近感を
強調する時のポイントは、レン
ズ近くの被写体を画面に入れて
写すことだ。ここではカメラ位
置を地面に近づけて、画面に遠
近感を生み出している。

> **カメラ設定**
>
> 撮影モード 絞り優先 絞り値 F8
> シャッタースピード 1/200秒 露出補正 +1
> ISO感度 400 ホワイトバランス 太陽光
> 使用レンズ RF15-30mm F4.5-6.3 IS STM
> 焦点距離 15mm(27.5mm)

まとめ

- ●広角ズームレンズは、肉眼の範囲よりも広い画角で撮影できる
- ●画面の中で主役の被写体の面積を大きく取る
- ●近くの被写体を画面に入れて遠近感を強調する

望遠ズームレンズを使おう

Keyword 望遠ズームレンズ

望遠ズームレンズには、離れた被写体どうしの距離を近づけて見せる圧縮効果、遠くの物を大きく写したり、被写体の一部を切り取って表現する切り取り効果、長い焦点距離で背景を大きくボカす効果など、撮影者の狙いを表現しやすい特徴がある。

4

交換レンズを使いこなそう

1 RF-S18-150mm F3.5-6.3 IS STM

広角域の18mmから望遠域の150mmまでを１本でカバーできるレンズ。日没頃の時間帯、不要な被写体は入れたくないがなるべく広く切り取りたいと思い、焦点距離50mmでテトラポッドや漁船が入らないようシンプルに水平線と空を撮影した。

カメラ設定						
撮影モード	絞り優先AE	絞り値	F5.6	シャッタースピード	1/250秒
露出補正	−2/3	ISO感度	1600	ホワイトバランス	色温度(4100K)
使用レンズ	RF-S18-150mm F3.5-6.3 IS STM				
焦点距離	50mm(75mm)				

2 焦点距離150mmで背景をぼかす

望遠レンズは焦点距離が長くなるほど、ピントを合わせた被写体の背景がぼけやすくなり、主題である被写体が浮き上がってくる。作例は焦点距離150mmで女性にピントを合わせ、絞り開放F6.3で撮影し、背景をぼかしている。

3 圧縮効果で花の色彩を強調する

花畑では、さまざまな種類の花が咲き乱れていた。色彩で溢れた写真を撮りたいと思い、望遠ズームレンズの望遠端で撮影した。離れた位置関係にある花の色彩を圧縮効果で距離が近く見えるように切り取り、色彩の並ぶ表現が生まれた。

まとめ

- 望遠ズームレンズは、遠くの被写体を大きく写すレンズ
- 長い焦点距離では背景が大きくボケる
- 焦点距離が長いほど圧縮効果が起こる

4

交換レンズを使いこなそう

単焦点レンズを使おう

Keyword 単焦点レンズ

単焦点レンズは、絞り値の明るいレンズが多く繊細な描写が得意だ。絞り値が明るい分、大きなボケ表現がしやすい。サイズは小型のレンズが多く、携帯性に優れている。距離感を身体で覚えて、被写体の新たな表情を見つけよう。

1 RF50mm F1.8 STM

RFレンズは開放絞り値でも、ピントを合わせた箇所の描写はシャープだ。作例は反逆光で森の小さなキノコを撮影した1枚。キノコの前後にある植物を大きくぼかして、淡い緑の色彩でソフトフォーカスのように表現した。

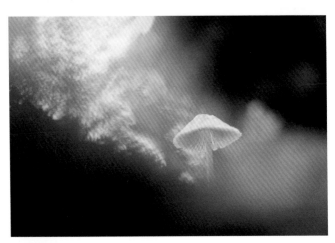

カメラ設定					
撮影モード	絞り優先AE	絞り値	F1.8	シャッタースピード	1/400秒
露出補正	−1/3	ISO感度	800	ホワイトバランス	太陽光
使用レンズ	RF50mm F1.8 STM				
焦点距離	50mm（75mm）				

2 軽い単焦点レンズは散歩のパートナー

単焦点レンズは焦点域が固定である分、撮影中は被写体に近づいたり、離れたりして「どう撮ろうか?」と工夫しながらの撮影となる。自分らしい作品を撮ってみたい方におすすめのレンズだ。作例は街を流れる川の水面と色彩に反応して撮った1枚だ。

カメラ設定

撮影モード 絞り優先AE
絞り値 F8
シャッタースピード 1/200秒
露出補正 −2/3
ISO感度 400
ホワイトバランス 太陽光
使用レンズ RF50mm F1.8 STM
焦点距離 50mm(75mm)

3 マクロを単焦点の中望遠レンズとして使う

マクロレンズとは、撮影倍率が等倍以上のレンズのこと。通常のレンズよりも被写体に近づいて撮影できることが特徴だが、単焦点の明るい中望遠レンズとして使うこともできる。作例は、海辺の建造物周辺を自転車で散歩している男性をシルエットで描写するため、露出補正を−2で撮影した。

カメラ設定

撮影モード 絞り優先AE
絞り値 F5.6
シャッタースピード 1/4000秒
露出補正 −2
ISO感度 100
ホワイトバランス 太陽光
使用レンズ RF100mm F2.8 L
MACRO IS USM
焦点距離 100mm(150mm)

まとめ

● 単焦点レンズとは単一の焦点距離を持つレンズ
● 開放絞り値が小さく、明るいレンズが多い
● 構図を変えたい場合は撮影者が動いて調整する

撮像素子と35mm判換算

撮像素子はカメラによって大きさが変わり、R10は一般的に「APS-C」と呼ばれるサイズの撮像素子を搭載している。これに対し35mmフィルムを基準とした撮像素子の大きさを「フルサイズ」と呼ぶ。さらに大きな撮像素子を「中判」と呼ぶ。

撮像素子の大きさは、画質やボケ表現、画角に影響する。特に画角は、例えばフルサイズとAPS-Cのカメラで同じ50mmのレンズを装着したとしても、APS-C機の方が写真に写る範囲が狭く、フルサイズでの焦点距離75mmに相当する。後者の数字を35mm判換算といい、APS-C機の撮影データを表記する場合は実際の焦点距離と35mm判換算を併記することが多い。

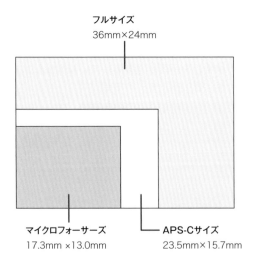

フルサイズ
36mm×24mm

マイクロフォーサーズ
17.3mm ×13.0mm

APS-Cサイズ
23.5mm×15.7mm

APS-Cサイズとフルサイズの大きさの関係を表したのが、上記の図だ。また、APS-Cサイズよりもさらに小さい「マイクロフォーサーズ」というサイズもある。APS-Cの焦点距離に1.5、マイクロフォーサーズの焦点距離に2をかけると、フルサイズでの焦点距離になる。

ピクチャースタイルを楽しもう

Keyword ピクチャースタイル

ピクチャースタイルとは、画像の仕上がりを変える設定のことだ。モードごとにシャープネス、コントラスト、色合いなどが設定されており、撮影シーンによって使い分ける。各モードの特徴を覚えて、適切に使用しよう。

1 ピクチャースタイルで撮影する

ピクチャースタイルは11種類あるが、基本的に「スタンダード」に設定しておけば、あらゆる撮影シーンに対応できる。また「オート」に設定しておけば、カメラが露出や色合いを判断して自動でモードを適用してくれる。

木の質感を細部まで表現したかったので、「ディテール重視」で撮影した。

カメラ設定					
撮影モード	絞り優先AE	絞り値	F8	シャッタースピード	1/640秒
露出補正	−1	ISO感度	400	ホワイトバランス	太陽光
使用レンズ	RF-S18-150mm F3.5-6.3 IS STM				
焦点距離	60mm（90mm）				

5

便利な機能を使おう

2 ピクチャースタイルを設定する

ピクチャースタイルは、クイック設定から任意のモードを選択する。また、INFOボタンを押して詳細設定もできる。

クイック設定ボタンを押してクイック設定を表示し、ピクチャースタイルを選択する❶。

十字キーの◀▶で任意のモードに設定する❷。

インフォボタンを押すと、さらに詳細な設定ができる❸。

オート	撮影シーンに応じて、色合いが自動調整される。特に自然や屋外シーン、夕景シーンでは、青空、緑、夕景が色鮮やかな写真になる。
スタンダード	鮮やかでくっきりした写真になる。通常はこの設定でほとんどのシーンに対応できる。
ポートレート	肌色がきれいで、ややくっきりした写真になる。設定内容と効果の[色あい]を変えると、肌色を調整できる。
風景	青空や緑の色が鮮やかで、とてもくっきりした写真になる。
ディテール重視	被写体の細部の輪郭や繊細な質感の描写に適している。やや鮮やかな写真になる。
ニュートラル	パソコンでの画像処理に適した設定。自然な色合いで、メリハリの少ない控えめな写真になる。
忠実設定	パソコンでの画像処理に適した設定。太陽光下で撮影した写真が、肉眼で見た時の色とほぼ同じになるように色調整される。メリハリの少ない控えめな写真になる。
モノクロ	白黒写真になる。
ユーザー設定1~3	ピクチャースタイルファイルなどの基本スタイルを登録し、好みに合わせて調整することができる。登録されていないときは、[オート]の初期設定と同じ特性で撮影される。

5

便利な機能を使おう

まとめ

- ● ピクチャースタイルとは、画像の仕上がりを変える設定のこと
- ● 基本的にはスタンダードに設定しておけばOK
- ● R10のピクチャースタイルは11種類ある

オートライティングオプティマイザと HDRを使おう

Keyword オートライティングオプティマイザ／HDR

オートライティングオプティマイザとは、明るさやコントラストを自動的に補正する機能のこと。HDRとは、明るさの違う3枚の画像を合成することで画像を補正する機能のこと。どちらも明るさやコントラストを調整するという点が共通している。

1 オートライティングオプティマイザを設定する

オートライティングオプティマイザは、画面内のもっとも明るい部分と暗い部分を感知し、白とびや黒つぶれを起こさないように画像を補正する機能だ。「しない」「弱め」「標準」「強め」の中から選択する。

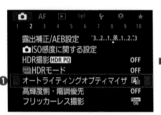

静止画撮影タブから「オートライティングオプティマイザ」を選択する❶。

効果の度合いを選択する❷。

木の影になっている部分と、日が当たっている木の葉の部分で輝度差が大きかったので、オートライティングオプティマイザを使用して撮影した。

2 HDRを設定する

HDRとは、異なる明るさの写真を3枚撮影し、その写真を合成することで階調の広い写真を撮影する機能だ。階調が広くなることで、白とびや黒つぶれを防ぐことができる。なお、HDR撮影を行う場合、RAWデータは記録されない。

静止画撮影タブから「HDRモード」を選択する❶。

各項目を設定する❷。

窓の外の景色と室内とで輝度さが大きく、どちらかに露出を合わせるとどちらかが白とびや黒つぶれを起こす可能性が高い。こうした状況はHDRが活躍する代表的なシーンだ。

まとめ

- オートライティングオプティマイザとは、白とびや黒つぶれを起こさないように画像を補正する機能
- HDRとは、明るさの異なる画像を合成して白とびや黒つぶれを防ぐ機能

5

便利な機能を使おう

107

Section

03 高速連続撮影で 動く被写体を狙おう

Keyword 高速連続撮影

高速連続撮影は、シャッターボタンを押している間、連続で撮影し続ける機能だ。主に動く被写体を撮影する時に使用し、数十枚から数百枚を撮影した後、ベストショットを選定する、という手順を踏むことが多い。

1 高速連続撮影を設定する

R10の連続撮影には、「高速連続撮影＋」「高速連続撮影」「低速連続撮影」の３種類がある。「高速連続撮影＋」では、メカシャッター時に最高約15コマ／秒、電子シャッター時に最高約23コマ／秒で撮影できる。

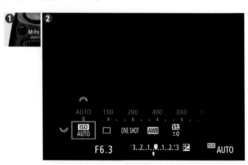

M-Fnボタンを押して❶、メニューを表示する❷。

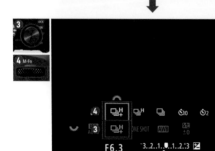

サブ電子ダイヤルを回してドライブモードを選択し❸、メイン電子ダイヤルを回して高速連続撮影を選択する❹。

高速連続撮影を使って撮影する

高速連続撮影が活躍するのは、動く被写体を撮影する時だ。スポーツ、子ども、動物、乗り物など、大きく動く被写体は1回の撮影でベストショットをとらえるのが難しい。高速連続撮影で複数枚を撮影しておき、あとからよい1枚を選ぶ、という方法がおすすめだ。

5

便利な機能を使おう

サッカーのキックの瞬間を高速連続撮影＋で撮影。すばやく動く選手とボールを正確にとらえることができた。この場合、AFは「サーボAF」、シャッタースピードは1/2000秒の高速シャッターに設定している。

カメラ設定					
撮影モード	絞り優先AE	絞り値	6.3	シャッタースピード	1/2000秒
露出補正	1/3	ISO感度	400	ホワイトバランス	太陽光
使用レンズ	RF-S18-150mm F3.5-6.3 IS STM				
焦点距離	24mm（36mm）				

まとめ

- 高速連続撮影は、シャッターを押している間、連続で撮影する機能
- R10は最速約23コマ／秒で撮影できる
- 動く被写体を撮影し、あとからよい1枚を選ぶ

Section
04

レンズの光学補正機能を使おう

Keyword レンズ光学補正

写真を撮影すると、画面の四隅が暗くなる、画面が歪曲する、画像がぼやけるなどの現象が起きることがある。レンズの構造上どうしても起きてしまう現象だが、これを補正するのが「レンズ光学補正」だ。

1 レンズ光学補正を設定する

レンズ光学補正は、静止画撮影タブから設定する。補正できる項目は全5種類だが、装着しているレンズによって設定項目が変わる。

周辺光量補正	レンズの特性によって画像の四隅が暗くなる現象を補正する。
歪曲収差補正	レンズの特性によって起こる画像の「ゆがみ」を補正する。画像処理の都合上、画像の周辺部がカットされる。解像感が少し低下することがある。
デジタルレンズオプティマイザ	レンズの収差、回折現象、ローパスフィルターに起因した解像劣化を、光学設計値を利用して補正する。効果は「強め」「標準」「弱め」の中から選択する。
色収差補正	レンズの特性によって起こる色収差(被写体の輪郭部分に現れる色ズレ)を補正する。
回折補正	レンズの絞りの影響によって画像の鮮明さが低下する現象を補正する。

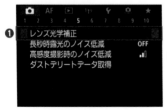

静止画撮影タブから「レンズ光学補正」を選択する❶。

任意の設定を選択する❷。表示される項目は、装着しているレンズによって異なる。

2　レンズ光学補正を設定して撮影する

光学補正機能の中でも使用頻度が多いのが「デジタルレンズオプティマイザ」だ。レンズの特性により被写体が歪む「歪曲収差」、絞り値を大きくした時に起こる「回折現象」、ローパスフィルターの影響で起こる「解像劣化」を補正することができる。効果の強さは常に「標準」に設定しておくとよいだろう。

広角レンズを使い建物を撮影した。広角レンズの歪曲収差と、F16まで絞った影響による回折現象により、建物のレンガのラインの描写が甘くなっていたが、デジタルレンズオプティマイザの効果できれいに補正できた。

カメラ設定

撮影モード	絞り優先AE	絞り値	16	シャッタースピード	1/125秒
露出補正	−1/3	ISO感度	400	ホワイトバランス	太陽光
使用レンズ	RF-S18-150mm F3.5-6.3 IS STM				
焦点距離	35mm（52.5mm）				

まとめ

- レンズ光学補正とは、レンズの構造が原因で起きてしまう現象を補正する機能
- 周辺光量補正、歪曲収差補正など、5種類の補正項目がある
- 補正できる項目は、装着しているレンズによって変わる

ホワイトバランスで
色合いを変化させよう

Keyword ホワイトバランス

ホワイトバランスとは、写真に対して色味の補正を施し、見た目に近い色に写す機能だ。一方、この機能を逆手に取り、夕日の場面で「曇天」を使用し夕日の印象を強調するなど、カラーフィルターとして使用することもできる。

1 ホワイトバランスを設定する

ホワイトバランスは「白を白として写す機能」と表現されることが多い。肉眼で白い被写体を見た場合、色がついた光源で照らされていたとしても、脳が補完して「白い被写体だ」と認識することができる。この補完をカメラ内で行うのがホワイトバランスというわけだ。

M-Fnボタンを押して❶、メニューを表示する。

サブ電子ダイヤルを回してホワイトバランスを選択し❷、メイン電子ダイヤルを回してモードを選択する❸。

静止画撮影タブで「WB補正/BKT設定」を選択する❹。

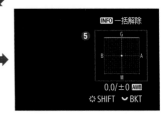

十字キーでグラフ上の点を移動させ、ホワイトバランスの補正を行う❺。

R10のホワイトバランスは全部で10種類のモードがある。基本的には「オート」に設定しておけば、あらゆるシーンに対応できる。「オート」ではイメージ通りにならない場合に、撮影シーンに応じてモードを使い分ける。また、色味によって写真の印象を変えるために、夕日で「くもり」を使う、夜景で「白熱電球」を使うなど、実際のシーンとは違うモードを使うことで写真の印象を変える、といったカラーフィルターのような使い方も有効だ。

くもり

森の中でキノコを撮影した。「くもり」は赤みを乗せるモードだ。全体的に暖かい印象の写真になる。

白熱電球

同じ被写体を「白熱電球」で撮影し、写真に青みを乗せた。冷たくクールな印象に変わった。

5

便利な機能を使おう

まとめ

● ホワイトバランスとは、見た目に近い色に写す機能
● 「白を白として写す機能」と説明されることが多い
● カラーフィルターのような使い方もできる

動画を撮影しよう

Keyword 動画

R10の動画機能は、最高画質4K UHDで撮影することができる。
また、フルHDにサイズを落とせば、ハイフレームレートで
119.9fpsというフレームレートでの撮影も可能だ。

1 動画を設定する

動画自体は動画撮影ボタンを押せばすべてのモードで撮影でき
るが、詳細設定を行うためには、モードダイヤルを「動画撮影」
に合わせる必要がある。なお、動画撮影モードにすると、アス
ペクト比は16対9になる。

モードダイヤルを「動画撮影」に合わ
せる**❶**。

動画撮影タブから「撮影モード」を選
択する**❷**。

任意のモードを選択する**❸**。

「動画マニュアル露出」モードの場合、
静止画と同じように電子ダイヤルで数
値を設定する**❹**。

設定が終了したら、動画撮影ボタンを
押して撮影を開始する**❺**。撮影を終
了する時は、もう一度ボタンを押す。

114

動画自動露出	カメラが明るさを感知し、シャッタースピードと絞り値が自動で設定される。
動画マニュアル露出	シャッタースピードと絞り値を撮影者が設定する。
HDR動画	明暗差の大きいシーンで、白とびが緩和された階調の広い(ハイダイナミックレンジな)動画を撮影する。

2 動画記録サイズを設定する

動画を撮影する際は、動画記録サイズを設定しよう。記録する画質が高いほど、ハイスペックなメモリーカードが必要になる。特に4K動画を撮影する際は、UHS-I、もしくはUHSスピードクラス3以上のカードを用意しておこう。

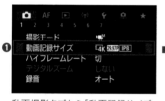

動画撮影タブから「動画記録サイズ」を選択する❶。

任意の動画記録サイズを選択する❷。

■R10で撮影できる動画サイズ

4K UHD	29.97fps
	23.98fps
4K UHDクロップ	59.94fps
フルHD	59.94fps
	29.97fps
	23.98fps
フルHD(ハイフレームレート)	119.9fps

まとめ

- R10の動画は4K UHDで記録することができる
- 動画撮影時はモードダイヤルを「動画撮影」に合わせる
- 動画撮影モードではアスペクト比が16対9になる

バッテリーを節約しよう

R10のバッテリーは、撮影画面表示設定を「省電力優先」に設定した場合、ファインダー撮影時に最大約260枚、モニター撮影時に最大約430枚の撮影が可能であると、公式HPに記載されている。ただし、バッテリーの劣化具合や撮影環境によってこの枚数は変化する。ここでは設定によってバッテリーを節約する方法を解説する。

なお、バッテリーの最大の敵は冷えだ。バッテリーが冷えると充電の減りも早くなる。前述の最大撮影枚数も、気温23度での使用が条件となっている。カメラの動作環境も、気温0度から40度までだ。

静止画撮影タブから「撮影画面表示設定」を選択する❶。

「省電力優先」を選択する❷。

機能設定タブから「節電」を選択する❸。

各項目を設定する❹。一定時間操作がなかった場合に、モニターの明るさを落とすか、モニターをOFFにするか、などを設定できる。

「モニターの明るさ」❺、「ファインダーの明るさ」❻をそれぞれ暗くしても、バッテリーを節約することができる。

Section 01 自然の風景を撮影しよう

Keyword ピクチャースタイル／多重露出／望遠レンズ／広角レンズ

自然風景の撮影では、被写体の「色彩・明暗・光・時間・形・質感」の表現が重要だ。「ピクチャースタイル」を使えば、色や明暗の見え方を自由に設定できる。肉眼では捉えられない不思議な世界は、複数の写真を1枚で表現する「多重露出」で描写してみよう。フィルターなどの撮影小道具を組み合わせればさらに表現の幅が広がるだろう。レンズを変えて、被写体の切り取り方を変えることも重要だ。

6

シーン別撮影テクニック

ピクチャースタイル「スタンダード」で撮影する

霧に包まれた森の中、目で見たままの自然風景の表情を記録するため、ピクチャースタイルはスタンダードに設定した。カメラを空へ向け、画面全体が木々の表情であふれるようにフレーミング。バリアングルを使用し、楽な姿勢でタッチシャッターで撮影した。

カメラ設定					
撮影モード	絞り優先AE	絞り値	F6.3	シャッタースピード	1/80秒
露出補正	±0	ISO感度	400	ホワイトバランス	太陽光
使用レンズ	RF-S18-45mm F4.5-6.3 IS STM				
焦点距離	45mm（67.5mm）				

1 ピクチャースタイルで表現を工夫する

ピクチャースタイルは、色を鮮やかに表現したい時は「風景」、全体的にソフトな表現をしたい時は「ニュートラル」など、目指す表現に合わせて選ぼう。作例は明暗を強調するために「モノクロ」に設定した。コントラスト調整などのカスタムも可能だ。

`カメラ設定`

撮影モード 絞り優先AE　絞り値 F8　シャッタースピード 1/3200秒　露出補正 −1 1/3
ISO感度 400　ホワイトバランス 太陽光　使用レンズ RF-S18-150mm F3.5-6.3 IS STM
焦点距離 150mm(225mm)

2 多重露出で写真ならではの表現を楽しむ

作例は、「多重露出」機能を「する」に設定し、多重露出制御を「加算」に設定して2枚の写真を重ねた。天候が曇りだったので、色を鮮やかにするためピクチャースタイルは「風景」に設定した。肉眼では捉えられない、写真ならではの表現を楽しもう。

`カメラ設定`

撮影モード 絞り優先AE
絞り値 F8
シャッタースピード 1/160秒
露出補正 −1/3
ISO感度 800
ホワイトバランス 太陽光
使用レンズ RF-S18-150mm
F3.5-6.3 IS STM
焦点距離 35mm(52.5mm)

波、雲、滝、川など動きのある風景は、NDフィルターを装着してスローシャッターで撮影すると、面白い表現になる。水面が滑らかな描写となり、目で見るのとは違う幻想的な風景が生まれる。作例では、光量が10段落ちる「ND1000」を使用した。

カメラ設定

撮影モード マニュアル　絞り値 F22　シャッタースピード 30秒　露出補正 ±0　ISO感度 100
ホワイトバランス 太陽光　使用レンズ RF24-105mm F4 L IS USM　焦点距離 74mm(111mm)

4 C-PLフィルターで光の反射をコントロールする

海や湖の水面や森の植物の表面などは、空からの光が反射している。この反射をコントロールするのがC-PLフィルターだ。表面反射を減らして被写体本来の色を表現したり、コントラストを上げたりして撮影できる。

カメラ設定

撮影モード 絞り優先AE
絞り値 F5.6
シャッタースピード 1/1250秒
露出補正 +1/3
ISO感度 800
ホワイトバランス 太陽光
使用レンズ RF24-105mm F4
L IS USM
焦点距離 32mm(48mm)

5 望遠レンズで風景の一部を切り取る

自然は広大な風景だけでなく、足元の小さな世界にも広がっている。作例は倒木の一部を望遠レンズの中望遠ズーム域で切り取り、木の質感を描写した。光学式手ブレ補正効果が最大4.5段も効くため、気楽に手持ち撮影を楽しめる。

カメラ設定

撮影モード 絞り優先AE
絞り値 F8
シャッタースピード 1/160秒
露出補正 −1/3
ISO感度 800
ホワイトバランス 太陽光
使用レンズ RF-S18-150mm
F3.5-6.3 IS STM
焦点距離 100mm(150mm)

6 広角レンズでローアングルから遠近感を強調する

広角端を活かす撮影のポイントは、アングルだ。作例は広角レンズを使い、18mm(35mm判換算の29mm)で空へカメラを向けて、ローアングルから木を撮影した。根本から空までの遠近感が強調されている。逆光で木が暗くならないように、露出補正はプラス補正で撮影した。

カメラ設定

撮影モード 絞り優先AE　絞り値 F5.6
シャッタースピード 1/200秒　露出補正 +1
ISO感度 800　ホワイトバランス 太陽光
使用レンズ RF-S18-150mm F3.5-6.3 IS STM
焦点距離 18mm(27mm)

まとめ

- 風景撮影ではピクチャースタイルを活用する
- NDフィルターやC-PLフィルターで肉眼と違う景色を撮影する
- レンズを変えて表現を工夫する

6

シーン別撮影テクニック

Section 02 ノイズの少ない 夜景写真を撮影しよう

Keyword ISO感度／高感度撮影時のノイズ低減

夜景写真の方法には、主に2つのパターンがある。1つ目は ISO感度を3200〜6400などの高感度に設定して手持ちで撮影する方法。高感度設定で発生しやすい画面のノイズを減らすため、「高感度撮影時のノイズ低減」を「標準」にして撮ろう。2つ目は三脚を使用して被写界深度を深くとり、スローシャッターで撮影する方法だ。長秒撮影時に発生するノイズを減らすため、「長秒時露光のノイズ低減」を「自動」に設定して、撮影しよう。

スローシャッターで夜景を撮影する

街灯などの光害をカットする「ナチュラルナイト」フィルターと三脚を使用し、横浜みなとみらいの夜景をスローシャッターで撮影した。フィルターで黄色や赤色が強くなったため、色温度を4200Kに調整した。シャッター時のブレが出ないように、2秒タイマーで撮影している。

カメラ設定					
撮影モード	絞り優先AE	絞り値	F5.6	シャッタースピード	6秒
露出補正	±0	ISO感度	400	ホワイトバランス	色温度（4200K）
使用レンズ	RF15-35mm F2.8 L IS USM				
焦点距離	20mm（30mm）				

1 ISO感度を高めて手持ちで撮影する

夜の都会は、ISO感度を上げれば手持ちで撮影してもブレない
程度のシャッタースピードを得られる。作例はISO感度を3200
に設定して、開放絞り値F2.8の望遠ズームレンズで手持ち撮影
した。カメラブレ防止のため、シャッターは静かに押そう。

カメラ設定

撮影モード 絞り優先AE
絞り値 F2.8
シャッタースピード 1/80秒
露出補正 −1
ISO感度 3200
ホワイトバランス 太陽光
使用レンズ RF70-200mm
F2.8 L IS USM
焦点距離 177mm(265.5mm)

2 三脚を使用して深い被写界深度で撮影する

街の細部を描写するために、絞
り値F11で撮影し、深い被写界
深度を確保して手前から奥まで
シャープに表現した。三脚にカ
メラを設置し、セルフタイマー
を2秒に設定している。ホワイ
トバランスは白熱電球で、青い
イメージに仕上げた。

カメラ設定

撮影モード 絞り優先AE　絞り値 F11
シャッタースピード 13秒　露出補正 ±0
ISO感度 400　ホワイトバランス 白熱電球
使用レンズ RF24-105mm F4 L IS USM
焦点距離 67mm(100.5mm)

まとめ

- 高ISO感度に設定し手持ちで撮影する
- 高ISO感度時は「高感度撮影時のノイズ低減」を設定する
- カメラを三脚に設置し深い被写界深度で撮影する

6

シーン別撮影テクニック

Section 03 AFを生かして 動く被写体を撮影しよう

Keyword サーボAF／被写体追尾（トラッキング）／検出する被写体／瞳検出

R10のAFは、子ども、スポーツ、ペット、乗り物など、動いている被写体にかんたんにピントを合わせることができる。AF動作「サーボAF」を選択し、AFのメニューから「被写体追尾（トラッキング）」を「する」に設定する。「検出する被写体」は人物優先、動物優先などから選ぼう。最後に、人物や動物の目にピントを合わせるため「瞳検出」を「する」に設定しておこう。

6

シーン別撮影テクニック

サーボAF特性で不規則な動きに対応する

子どもが複数で動き回っているようなシーンでは、被写体が急加速、急減速しても対応しやすいよう、「サーボAF特性」のメニューから「Case4」を選択しておこう。不規則な動きに対応して、自動でピントを合わせやすくなる。

カメラ設定					
撮影モード	絞り優先AE	絞り値	F6.3	シャッタースピード	1/1250秒
露出補正	−1/3	ISO感度	400	ホワイトバランス	太陽光
使用レンズ	RF-S18-150mm F3.5-6.3 IS STM				
焦点距離	70mm（105mm）				

1 | AFの設定を整えて速いシャッタースピードで撮影する

動き回る子どもにピントを合わせるには、AF動作を「サーボAF」、「被写体追尾」を「する」、「検出する被写体」を「人物優先」、「瞳検出」を「する」に設定する。その上で、被写体がブレないように1/500秒より速いシャッタースピードで撮るのがポイントだ。

カメラ設定

撮影モード 絞り優先AE　絞り値 F4
シャッタースピード 1/1000秒　露出補正 +1/3
ISO感度 400　ホワイトバランス 太陽光
使用レンズ RF-S18-150mm F3.5-6.3 IS STM
焦点距離 18mm(27mm)

2 | 動く子どもにピントを合わせ続ける

動く子どもにピントを合わせていると、子どもがAFフレームから外れたり、障害物が入ってきたりするシーンがある。AFメニューで「サーボAF特性」を選び、「Case2」を選択して撮影すれば、子どもにピントを合わせやすい。

カメラ設定

撮影モード 絞り優先AE　絞り値 F5.6　シャッタースピード 1/200秒　露出補正 +1/3
ISO感度 400　ホワイトバランス 太陽光　使用レンズ RF-S18-150mm F3.5-6.3 IS STM
焦点距離 62mm(93mm)

6

シーン別撮影テクニック

3 AF設定でペットの瞳にピントを合わせる

R10は、人間と同じようにペットの目にピントを合わせることができる。「検出する被写体」を「動物優先」、「瞳検出」を「する」に設定しよう。作例のように静かに座っている場合でも急に動き出すことがあるので、「被写体追尾」は「する」の設定で撮ろう。

カメラ設定

撮影モード シャッター優先AE　絞り値 F9
シャッタースピード 1/1250秒　露出補正 ±0
ISO感度 400　ホワイトバランス 太陽光
使用レンズ RF-S18-150mm F3.5-6.3 IS STM
焦点距離 35mm(52.5mm)

4 動くペットを追いかけて撮影する

ペットの動きが予測しにくい場合は、「サーボAF特性」のメニューから動きのある被写体、撮影シーンに適応する標準設定の「Case1」を選ぼう。

カメラ設定

撮影モード シャッター優先AE　絞り値 F7.1　シャッタースピード 1/1250秒
露出補正 ±0　ISO感度 400　ホワイトバランス 太陽光
使用レンズ RF-S18-150mm F3.5-6.3 IS STM　焦点距離 40mm(60mm)

6

シーン別撮影テクニック

5 動きが予測できる被写体を待ち構えて撮影する

動く被写体の撮影は、不規則なものばかりではない。電車や飛行機、走るコースが決まっている短距離競技の人物などは、被写体がどのように動くのか、ある程度予測することができる。作例の撮影シーンは飛行機のルートが予測できたので、木々の間から空を覗き、太陽を構図に含められる位置から撮影した。AFの設定は、「被写体追尾（トラッキング）」を「しない」、AF動作を「サーボAF」、AFエリアを「フレキシブルゾーンAF1」に設定した。ドライブモードは「高速連続撮影」を選択し、何枚も撮影した中から最適な1枚を選んだ。

カメラ設定

撮影モード シャッター優先AE　絞り値 F8　シャッタースピード 1/3200秒　露出補正 −1/3
ISO感度 800　ホワイトバランス 太陽光　使用レンズ RF70-200mm F2.8 L IS USM
焦点距離 84mm（126mm）

まとめ

● 動く被写体を撮影するため、AFに関する4つの機能を設定する

● ペットの撮影でも、人物と同じように瞳にピントを合わせる

● ドライブモード「高速連続撮影」で撮影し、最適な1枚を選ぶ

花をアップで撮影しよう

Keyword マクロレンズ／ハーフマクロレンズ

花をアップで撮影する場合は、レンズの特徴を活かして撮ろう。
近接撮影の定番はマクロレンズだ。被写体を等倍〜1.4倍でと
らえるため、目で見るよりも被写体の細部を大きく写すことが
できる。一方、撮影倍率が0.5倍などのハーフマクロと呼ばれ
るレンズや、最短撮影距離が短いレンズでも、被写体をアップ
で撮りやすい。注意点は被写体のブレだ。光学手ブレ補正(IS)
をオンにして、なるべく速いシャッタースピードで撮影しよう。

6

シーン別撮影テクニック

マクロレンズで一部を切り取る

マクロレンズは、被写体を等倍で写すことができるレンズだ。花を撮影する場合には、
花びらの一部やしべに近寄り、大きく写すことが多い。厳密なピント合わせが必要
になるため、屋外で撮影する場合は風のない時間に撮影し、静止している花を狙う。
絞り値はF5.6〜8程度に設定し、被写界深度を深く取ろう。

カメラ設定					
撮影モード	絞り優先AE	絞り値	F5.6	シャッタースピード	1/800秒
露出補正	±0	ISO感度	400	ホワイトバランス	太陽光
使用レンズ	RF100mm F2.8 L MACRO IS USM				
焦点距離	100mm(150mm)				

1 レンズの望遠域で撮影する

開放絞り値が暗いレンズでも、ズームレンズの望遠域で撮影すると背景が大きくボケて、被写体が浮き上がる。花を撮る時は、1点AFで三脚は使わず、手持ち撮影でシャッタースピードを速めに設定すると撮りやすい。

カメラ設定

撮影モード 絞り優先AE
絞り値 F6.3
シャッタースピード 1/250秒
露出補正 -1/3
ISO感度 800
ホワイトバランス 太陽光
使用レンズ RF-S18-150mm
F3.5-6.3 IS STM
焦点距離 150mm(225mm)

2 ハーフマクロレンズで撮影する

0.17mまで被写体に近づいてもAFで撮れる、撮影倍率が0.5倍のハーフマクロレンズで撮影した1枚。中央の被写体にピントを合わせて、開放絞り値F1.8で撮影した。前後を大きくぼかしている。ISはオンで撮影した。

カメラ設定

撮影モード 絞り優先AE 絞り値 F1.8
シャッタースピード 1/4000秒 露出補正 +2/3
ISO感度 400 ホワイトバランス 太陽光
使用レンズ RF35mm F1.8 MACRO IS STM
焦点距離 35mm(52.5mm)

6

シーン別撮影テクニック

まとめ

● マクロレンズ、ハーフマクロレンズ、望遠レンズで撮影する
● メインの被写体の前後にボケを作る
● 光学手ブレ補正(IS)をオンにする

こだわりの小物を撮影しよう

Keyword 1点AF／タッチ&ドラッグ／ホワイトバランス／露出補正

日常にある身近な被写体は、なんとなくオートの設定で撮影してもきれいに撮影できる。しかし、ここではさらにこだわって撮影するために、R10の基本的な設定を組み合わせてみよう。チェックポイントは1点AF、タッチ&ドラッグ、ホワイトバランス、露出補正、絞り値を開ける、ISO感度を調整、手ブレ補正の確認などの基本設定だ。

AFエリアを1点AFに設定し手ブレ補正をONにする

小物の撮影では、手ブレ補正機能が搭載されたレンズをつけ、被写体の一番見せたい箇所にタッチ&ドラッグと1点AFでピントを合わせて撮影しよう。作例で使用したRF35mmF1.8 IS STMのように明るいレンズなら、少々暗い屋内でも手持ちで撮影しやすい。

カメラ設定					
撮影モード	絞り優先AE	絞り値	F1.8	シャッタースピード	1/100秒
露出補正	±0	ISO感度	800	ホワイトバランス	オート
使用レンズ	RF35mm F1.8 MACRO IS STM				
焦点距離	35mm(52.5mm)				

1 1点AFで主役にピントを合わせる

静止した被写体を撮る時は、1点AFでもっともピントを合わせたい箇所に合わせよう。窓辺の屋内で撮影する時は、外の光と室内の人工的な光が混ざり合うので、ホワイトバランスの設定はAWBがオススメだ。

カメラ設定

撮影モード 絞り優先AE　絞り値 F4
シャッタースピード 1/200秒　露出補正 +2/3
ISO感度 800　ホワイトバランス オート
使用レンズ RF35mm F1.8 MACRO IS STM
焦点距離 35mm(52.5mm)

2 絞り値を開けてボケで雰囲気を作る

雰囲気のある写真に仕上げるために、絞り値を開けてボケを活かそう。室内が暗い時は、ISO感度を800や1600に上げると撮りやすい。また、古い洋書の雰囲気を出すために、露出補正は−2/3に設定した。

カメラ設定

撮影モード 絞り優先AE
絞り値 F1.8
シャッタースピード 1/800秒
露出補正 −2/3
ISO感度 800
ホワイトバランス オート
使用レンズ RF35mm F1.8
MACRO IS STM
焦点距離 35mm(52.5mm)

まとめ

● 小物は基本的な設定を組み合わせて撮影する
● 1点AFで主役にピントを合わせる
● 絞り値を開けてボケによる雰囲気を作る

ポートレートを撮影しよう

Keyword 瞳検出／サーボAF／被写体追尾（トラッキング）／検出する被写体

ポートレート撮影では、被写体の一瞬の表情の変化を逃さないように、あらかじめカメラの設定を準備しておこう。歩きながら、会話しながらなど、被写体が動くことを前提に撮影する場合は「サーボAF（Case1）」が使いやすい。次に「被写体追尾（トラッキング）」を「する」、「検出する被写体」は「人物優先」、「瞳検出」を「する」に設定しよう。被写体が動く場合でも、スムーズに目にピントを合わせることが可能だ。

ピントをカメラに任せて絵作りに意識を向ける

ポートレートでは、シャッターを切る直前まで被写体が動く可能性がある。しかしAFを「サーボAF」、「瞳検出（する）」、「被写体追尾（する）」、「検出する被写体（人物優先）」の設定でカメラに任せることで、背景などの画作りに意識を向けることができる。この作例では、ズームレンズの広角端で奥行きのある構図を意識した。

カメラ設定						
撮影モード	絞り優先AE	絞り値	F6.3	シャッタースピード	1/320秒
露出補正	−1/3	ISO感度	400	ホワイトバランス	オート
使用レンズ	RF-S18-150mm F3.5-6.3 IS STM				
焦点距離	18mm（27mm）				

1 瞳検出をオンにしてノーファインダーで撮影する

瞳検出で目にピントを合わせる設定をしておけば、電子ファインダーやモニターから目を離して、ノーファインダーでの撮影が可能だ。被写体と話しながら撮影すると、自然な表情を撮りやすい。手ブレ補正機能のあるレンズで撮影しよう。

カメラ設定

撮影モード 絞り優先AE
絞り値 F5.6
シャッタースピード 1/50秒
露出補正 ±0
ISO感度 400
ホワイトバランス オート
使用レンズ RF-S18-150mm
F3.5-6.3 IS STM
焦点距離 45mm(67.5mm)

2 明るい単焦点レンズで背景をぼかす

絞り値が明るい単焦点レンズで撮影すると、人物の前後が大きくボケて、やわらかな雰囲気の写真になる。看板などが人物の前後に入ってしまう場合でも、不要な被写体を大きくぼかすことで、色として表現できる。

カメラ設定

撮影モード 絞り優先AE　絞り値 F1.8
シャッタースピード 1/1600秒　露出補正 ±0
ISO感度 400　ホワイトバランス 太陽光
使用レンズ RF35mm F1.8 MACRO IS STM
焦点距離 57mm(85.5mm)

まとめ

● ポートレート撮影では、あらかじめ設定を整えて撮影に臨む
● 瞳検出を設定し、ノーファインダーで撮影する
● 絞り値が明るい単焦点レンズで撮影し、ボケを作る

6

シーン別撮影テクニック

Section 07 夜景とポートレートを 組み合わせて撮影しよう

Keyword 絞り値／内蔵ストロボ／後幕シンクロ

夜のポートレート撮影では、人物と背景の光量と色をコントロールして印象的な写真に仕上げたい。まず絞り値がF2.8〜F4くらいの明るいレンズと、しっかりした三脚を用意しよう。撮影現場では被写体を照らすライトを最初にチェック。R10の内蔵ストロボを使う場合は、背景と人物の露出差を調光補正で調整しよう。街灯を使う場合は、周囲の人工灯の色も混ざるため、ホワイトバランスの設定はオートがおすすめだ。

6

シーン別撮影テクニック

三脚を設置して撮影する

街灯で人物が明るく見える場所を探し、三脚を設置する。ホワイトバランスは「オート（雰囲気重視）」、絞り値はF2.8に設定し、背景をぼかして人物が浮き上がるように撮影した。ブレ防止のため静かにシャッターを切った。

カメラ設定				
撮影モード	絞り優先AE	絞り値	F2.8	シャッタースピード	1/13秒
露出補正	±0	ISO感度	1600	ホワイトバランス	オート
使用レンズ	RF15-35mm F2.8 L IS USM			
焦点距離	35mm（52.5mm）			

1 後幕シンクロで撮影する

逆光で人物の顔が暗かったため、内蔵ストロボで明るく照らした。ストロボの光が強く人物が明るくなりすぎたので、調光補正を－2にして明暗を整えた。人物の背景の黄色いブレは、後幕シンクロで捉えた車の光跡だ。

カメラ設定

撮影モード 絞り優先AE
絞り値 F4
シャッタースピード 1/4秒
露出補正 ＋1
ISO感度 1600
ホワイトバランス オート
使用レンズ RF35mm F1.8
MACRO IS STM
焦点距離 35mm(52.5mm)

■後幕シンクロに設定する

静止画撮影タブから「ストロボ制御」を選択する❶。

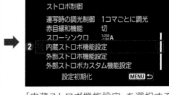

「内蔵ストロボ機能設定」を選択する❷。

「シンクロ設定」を「後幕シンクロ」に設定する❸。

❸の画面で「調光補正」を選択し撮影環境に応じて数値を設定する❹。上の作例の場面では「-2」に設定した。

まとめ

● 夜景ポートレートでは、明るいレンズと三脚を使う
● 被写体を照らすライトの色や質を確認する
● 後幕シンクロで撮影する

6

シーン別撮影テクニック

Section 08 星空を撮影しよう

Keyword ソフトフィルター／星景写真

星の撮影は、星が撮れる場所と時期を見極める必要がある。街明かりが多い都会を避け、山や高原、海へ出かけよう。月の光があると星が映らないため、新月付近の夜中がおすすめだ。もちろん、雨や曇りの日は撮影できない。実際の撮影では、撮影モードはマニュアル、絞り値F1.2〜F4、シャッタースピード8秒〜30秒、ISO感度はISO1600〜6400程度に設定する。堅牢な三脚と、セルフタイマーかレリーズの使用がおすすめだ。

6

シーン別撮影テクニック

「500÷撮影時の焦点距離」でシャッタースピードを算出する

カメラとレンズを空へ向けて、ブレないようしっかり三脚に設置する。バリアングルモニターを見やすい角度に調整し、MFでピントを星に合わせた。星を点としてとらえるには「500÷撮影時の焦点距離」で計算した秒数に近い数値で撮影する。この作例では500÷24で約20秒だったので、20秒で撮影した。

カメラ設定

撮影モード	マニュアル	絞り値	F2.8	シャッタースピード	20秒
露出補正	±0	ISO感度	6400	ホワイトバランス	色温度(3750K)
使用レンズ	RF15-35mm F2.8 L IS USM				
焦点距離	16mm(24mm)				

1 カメラの基本設定を整える

最初に基本の撮影方法を解説する。星の撮影は、少し特殊な設定と撮影方法が必要になるが、一度覚えてしまえば星を写すこと自体は難しくない。撮影方法を覚えた後は、星座を狙って写したり、星と景色を同時に写す「星景写真」を撮ったりして表現を工夫しよう。

機材を用意する。星の光は非常に弱いため、開放絞り値F1.2〜4くらいの明るいレンズを用意する。また8秒以上の長時間露光になるため、三脚も必須だ。カメラブレをおさえるために、レリーズも用意したい。カメラ機材以外では、夜中の気温に耐える防寒具、手元を照らす弱いライトなども用意しておくとよい。

撮影モードは「マニュアル」に設定し、絞り値は開放付近、シャッタースピードは8〜30秒、ISO感度を1600〜6400程度に設定する。

ピント合わせはMFで、モニターを使う。画面内のもっとも明るい星を拡大し、ピントリングを回してピントを合わせ、星がもっとも小さくなる距離がピント位置だ。

シャッターボタンを押して撮影する。明るさは必ずヒストグラムで確認しよう。星の場合は標準露出が基本なので、中央付近に分布されている形がよい。

137

2 ソフトフィルターを取り付ける

星空をソフトに明るく描写する角型フィルター「スターソフトフィルター」をレンズに装着すると、フィルター上部のソフト効果によって光が滲み、星が明るく写る。フィルター下部はソフト効果がないため、地上の風景がクリアに写る。

6

シーン別撮影テクニック

カメラ設定

撮影モード マニュアル　絞り値 F2.8　シャッタースピード 13秒　露出補正 +2/3
ISO感度 3200　ホワイトバランス 色温度(4000K)
使用レンズ RF15-35mm F2.8 L IS USM　焦点距離 17mm(25.5mm)

3 星景写真を撮影する

星景写真の場合は、星以外の被写体を写す必要がある。そのた
め、月齢は「上弦・下弦の月」前後がおすすめだ。満月の夜は明
るすぎて星が撮りにくく、新月の夜は星は撮れるが地上の風景
を撮りにくい。月光で地上の風景を描写し、星空と同時に撮影
しよう。

カメラ設定

撮影モード マニュアル
絞り値 F2.8
シャッタースピード 15秒
露出補正 +1/3
ISO感度 1600
ホワイトバランス
色温度(4000K)
使用レンズ RF15-35mm F2.8
L IS USM
焦点距離 15mm(22.5mm)

4 明るい空の中で星を探す

深夜12時頃、西の空に沈む月の周辺は明るく、肉眼では星が
ほぼ見えなかった。しかし、R10の液晶モニターには星が映っ
ていたため撮影した。カメラとレンズは肉眼では見えない光も
認識するため、空にレンズを向けて星を探してみよう。

カメラ設定

撮影モード マニュアル
絞り値 F2.8
シャッタースピード 25秒
露出補正 ±0
ISO感度 6400
ホワイトバランス
色温度(4000K)
使用レンズ RF15-35mm F2.8
L IS USM
焦点距離 28mm(41mm)

まとめ

● 星空を撮影できる場所と時期を把握する
● 星を撮影する基本の設定を覚える
● 星景写真や月の光を利用した撮影も楽しむ

料理を撮影しよう

Keyword トップライト／逆光

料理撮影で注意したいポイントは、「アングル・光・色のバランス」だ。アングルの基本は、被写体に対して40～45度の角度で撮ること。「おいしそう」と感じさせる光の基本は、料理の真上からのトップライトと（半）逆光の２つを組み合わせて撮ることだ。撮影者の後ろからの光で撮る順光は説明的な写真になるため、料理写真ではおすすめしない。色は暖色系と白色を使うと、美味しさやあたたかさ、清潔感が演出できる。

ミックス光ではホワイトバランス「オート」で撮影する

撮影現場の光は、カフェの窓からの自然光と、店内の黄色い照明の光が混ざっていた。このようなミックス光ではホワイトバランスをオートに設定して、自然な描写にしよう。また、絞り値を小さくしてボケを大きくすると、よい雰囲気が表現できる。

カメラ設定					
撮影モード	絞り優先AE	絞り値	F2.8	シャッタースピード	1/640秒
露出補正	±0	ISO感度	400	ホワイトバランス	オート
使用レンズ	RF35mm F1.8 MACRO IS STM				
焦点距離	35mm（52.5mm）				

1 トップライトと逆光を組み合わせる

この作例では、トップライトと逆光の組み合わせを使った。アングルは定番の40〜45度よりも浅い位置から撮影し、かき氷の高さを見せている。アングルがアイレベルに近い場合、背景が映り込む。絞り値をF4にして、やわらかな玉ボケで描写した。

カメラ設定

撮影モード 絞り優先AE
絞り値 F5.6
シャッタースピード 1/50秒
露出補正 ±0
ISO感度 400
ホワイトバランス
色温度(5150k)
使用レンズ RF-S18-150mm
F3.5-6.3 IS STM
焦点距離 45mm(67.5mm)

2 電球のトップライトで撮影する

テーブルを照らす電球1灯をメインライトにして撮影した。ライトの位置はパスタの真上ではなく、少し斜め奥の位置になるようにお皿を移動した。パスタやトマトの表面が反射するのを確認してから、シャッターを切った。

カメラ設定

撮影モード 絞り優先AE　絞り値 F4
シャッタースピード 1/250秒　露出補正 +1/3
ISO感度 800　ホワイトバランス オート
使用レンズ RF35mm F1.8 MACRO IS STM
焦点距離 35mm(52.5mm)

まとめ

- 料理撮影で注意したいポイントは「アングル・光・色のバランス」
- トップライトと逆光を組み合わせる
- 被写体表面の反射を見ながら構図を調整する

旅の記録を撮影しよう

Keyword 標準ズームレンズ／単焦点レンズ／瞳検出

旅先での写真は、場所がわかるシーン、友人や家族と一緒のシーン、動いているシーン、被写体の一部など、バリエーション豊かに撮影しておこう。余裕があれば、色が多い写真、逆光が多い写真など、「色」や「光」の要素も意識すると、動きやストーリー性のある旅の写真が撮れるだろう。カメラの撮影設定は「絞り優先AE」が撮りやすい。手ぶれ補正機構のあるRFレンズと組み合わせて、手持ちで撮影しよう。

6

シ
ー
ン
別
撮
影
テ
ク
ニ
ッ
ク

標準ズームレンズで様々なシーンに対応する

旅の撮影では荷物を少なくしたいため、標準ズームレンズを使用してさまざまなシーンに対応する。まずは多くの被写体を写せる広角域で撮影しよう。次に色や形など、被写体の特徴的な部分を望遠域で切り取る。作例は、色と造形の面白さを望遠で切り取った作例だ。掲載している写真以外にも、広角で引いたカットも撮影している。

カメラ設定					
撮影モード	絞り優先AE	絞り値	F6.3	シャッタースピード	1/60秒
露出補正	−1	ISO感度	800	ホワイトバランス	太陽光
使用レンズ	RF-S18-150mm F3.5-6.3 IS STM				
焦点距離	86mm(129mm)				

1 標準ズームレンズで幅広いシーンに対応する

RF-S18-150mm F3.5-6.3 IS STMのズームは、使用頻度の高い広角域から中望遠をカバーしている。被写体が動いている時はシャッターチャンスだ。すぐ撮れるように、カメラの設定で「被写体追尾」と「瞳検出」を「する」にしておこう。

カメラ設定

撮影モード 絞り優先AE　絞り値 F6.3
シャッタースピード 1/30秒　露出補正 ±0
ISO感度 800　ホワイトバランス 色温度(4050k)
使用レンズ RF-S18-150mm F3.5-6.3 IS STM
焦点距離 18mm(27mm)

2 単焦点レンズで被写体の一部を切り取る

旅先では被写体の一部を切り取り、見る人の想像力に訴える写真を撮ろう。軽くて持ち運びしやすい単焦点レンズRF50mm F1.8 STMは、35mm判換算で80mm。被写体と数メートルの距離で切り取りやすい焦点距離だ。

カメラ設定

撮影モード プログラムAE
絞り値 F2.8
シャッタースピード 1/200秒
露出補正 ±0
ISO感度 160
ホワイトバランス
色温度(3250K)
使用レンズ RF50mm F1.8
STM
焦点距離 50mm(75mm)

まとめ

- 旅の写真はバリエーション豊かに撮影することを意識する
- 標準ズームレンズで幅広いシーンに対応する
- 単焦点レンズで被写体の一部を切り取る

メモリーカードの
種類とスペック

メモリーカードは、保存容量、読み込み/書き込み速度によって種類が分かれている。連続撮影をしたり、高画質な動画を撮影したりする場合は、容量が大きく速度が速いカードが必要になる。このページでは、メモリーカードのスペックの見方を解説する。

❶ 読み込み/ 書き込み速度	データの読み込み/書き込み速度を表示している。読み込み速度は、カードに保存されているデータをカメラやパソコンなどで読み込む速度。書き込み速度は、カメラで撮影した画像や動画をカードに保存する速度だ。このカードでは1秒間に190MBの読み込み/書き込み速度を実現できる。数字が大きいほど速度が速い。
❷ UHSスピードクラス	読み込み/書き込み速度に応じて定められた速度規格。
❸ 保存容量	カードに保存できるデータの総量。数字が大きいほど、多くの画像や動画を保存できる。

カメラとスマートフォンを接続しよう

Keyword Canon Camera Connect／Bluetooth

キヤノンはメーカー公式アプリ「Canon Camera Connect」を無料で提供している。スマートフォンやタブレットなどの端末にインストールし、R10と接続することで、リモートライブビュー撮影をしたり、R10の画像を端末に取り込んだりできる。

1 カメラと端末を接続する

まずはアプリをインストールし、スマートフォンとカメラを接続しよう。接続方法はいくつかあるが、ここではBluetoothを使用し、iOS17.0.2での操作方法を解説する。

iOS ► https://apps.apple.com/jp/app/canon-camera-connect/id944097177
Android ► https://play.google.com/store/apps/details?id=jp.co.canon.ic.
cameraconnect&pcampaignid=web_share

端末に「Canon Camera Connect」をインストールし❶、アプリを立ち上げ、利用規約に同意する。

画面上部の「📷」をタップする❷。

カメラ一覧の中から「EOS R10」をタップする❸。

接続方法を選択する画面が表示されるので、「Bluetooth」をタップする❹。

Bluetoothの使用許可画面が表示された場合は「OK」をタップする❺。

スマートフォンの準備は完了だ。カメラの操作に移る。

スマホやパソコンと連携しよう

7

無線通信タブの「Wi-Fi設定」と「Bluetooth設定」を「使う」に変更しておく❶。

「Wi-Fi/Bluetooth接続」を選択する❷。

「スマートフォンと通信」を選択する❸。

「接続先の機器の追加」を選択する❹。

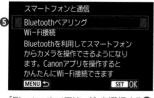

「Bluetoothペアリング」を選択する❺。

カメラに表示されたニックネーム❻と、端末に表示されたカメラ名❼が同じであることを確認し、端末のカメラ名をタップする❽。

カメラと端末に確認画面が表示されるので、「OK」❾、「ペアリング」❿をそれぞれ選択する。

接続完了画面が表示される⓫。

まとめ

- キヤノン公式アプリ「Canon Camera Connect」をダウンロードする
- Bluetoothを使って端末とカメラを接続する

写真や動画を スマートフォンに転送しよう

Keyword Canon Camera Connect／Bluetooth

カメラと端末を接続できたら、カメラ内の画像を端末に送信してみよう。送信方法は、端末のアプリを使って受信する方法と、カメラから端末へ送信する方法の2つがある。画像の送受信には、R10が発信しているWi-Fiを使う。

1 アプリを使って受信する

P.146でカメラと端末を接続すれば、そのまま画像転送の操作に移ることができる。端末を操作することで、Wi-Fi接続に切り替えることができるので、画像を受信してみよう。

アプリのトップ画面から「画像を取り込む」をタップする❶。

接続方法がWi-Fiに切り替わる。確認画面が表示されるので、「接続」をタップする❷。

カメラに保存されている画像が表示されるので、転送したい画像をタップする❸。

選択した画像が表示されるので、画面下部の「取り込み」をタップする❹。

画像保存の設定を整えて「OK」をタップする❺。

画像の転送が開始される❻。

2 カメラから画像を送信する

次に、カメラから画像を送信する方法を解説する。1枚ごとの
送信か、複数枚を送信するかを選択することができる。

カメラの再生ボタンを
押して、送信する画像
を表示する❶。

クイック設定ボタンを押して
クイック設定を表示し、「スマ
ートフォンへ画像を送信」を
選択する❷。

もう一度クイック設定ボ
タンを押す❸。

画質、サイズ、送信す
る画像の枚数や範囲な
どを選択する❹。

❹で「選んで送信」を選択した場合、十字キーで画
像を順次表示し、クイック設定ボタンで送信する画
像を選択する。選択した画像は画面左上にチェック
マークと枚数が表示される❺。メニューボタンを押
すと確認画面が表示されるので、「OK」を選択する❻。

❹で「範囲指定で送信」を選択した場合、画像が一覧
表示される。クイック設定ボタンで、範囲の始点と終
点を選択する。メニューボタンを押すと確認画面が表
示されるので、「OK」を選択する❼。

まとめ

- Canon Camera Connectを使用してカメラから端末へ画像
  を送信する
- 送信にはWi-Fiを使用する

スマホやパソコンと連携しよう

149

スマートフォンを
リモコンとして使おう

Keyword Canon Camera Connect／Bluetooth／リモートライブビュー撮影

Canon Camera Connectの「リモートライブビュー撮影」を利用して、端末をリモコンとして使用することができる。レンズの焦点距離や撮影モードなどはアプリ側で変更できないため、ある程度カメラ側で準備をした上でアプリを立ち上げよう。

1 リモートライブビュー撮影でリモート撮影をする

P.146の手順でカメラと端末を接続できていれば、アプリからすぐにリモートライブビュー撮影を立ち上げることができる。カメラを三脚などで固定し、構図を整えてからアプリを立ち上げよう。

アプリのトップ画面から「撮影する」をタップする❶。

Wi-Fiに接続されていない場合は、端末の接続確認画面が表示される。「接続」をタップする❷。

カメラと端末がWi-Fiで接続されると、リモートライブビュー撮影が立ち上がる❸。画面中央下部のシャッターボタンを押せば撮影できる❹。

2 撮影画面の表示内容

リモートライブビュー撮影では、端末を操作して撮影する。こ
こではiOSでCanon Camera Connectを使用した場合の撮影画
面を解説する。

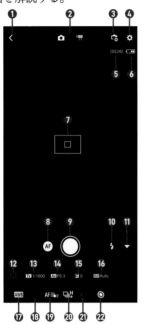
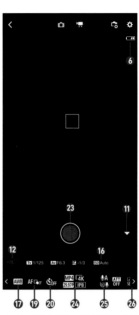

❶ トップ画面に戻る	❿ フラッシュ撮影	⓭ AFエリア
❷ 静止画／動画切り替え	⓫ メニューバーの表示／非表示	⓴ ドライブモード
❸ カメラ設定	⓬ 撮影モード	㉑ 記録画質
❹ リモートライブビュー撮影の設定	⓭ シャッタースピード	㉒ AF微調整
❺ 撮影可能枚数	⓮ 絞り値	㉓ 動画撮影ボタン
❻ バッテリー残量	⓯ 露出補正	㉔ 動画記録サイズ
❼ AFフレーム	⓰ ISO感度	㉕ 録音
❽ AFボタン	⓱ ホワイトバランス	㉖ AF動作
❾ シャッターボタン	⓲ 測光モード	

まとめ

- 端末をリモコンとして使用することができる
- 端末の撮影画面の表示内容を理解する

スマートフォンで
RAW現像をしよう

Keyword Digital Photo Professional Express

キヤノンが提供しているPC用RAW現像ソフト「Digital Photo Professional」が、「Digital Photo Professional Express」として、スマートフォンやタブレットでも利用できるようになった。ただし、すべての機能を利用するには有料版の登録が必要だ。

1 Camera Connectと連携して画像を取り込む

Digital Photo Professional Expressに画像を取り込む方法は、スマートフォンなどの端末に保存されている画像を取り込む方法と、Canon Camera Connectと連携してカメラ内の画像を取り込む方法の2種類がある。ここではCamera Connectと連携する方法を解説する。なお、Digital Photo Professional Expressは2023年11月現在で、iOSと iPadOSのみ対応している。

iOS ▶ https://apps.apple.com/jp/app/canon-dpp-express/id1315877685

端末にDigital Photo Professional Expressをインストールする❶。

アプリを立ち上げ、画面左上の「+」をタップして❷、「Canon Camera Connectから取り込み」をタップする❸。

Camera Connectが立ち上がるので、「画像を取り込む」をタップする❹。

Camera Connectで RAWファイルを表示し、画面下部の「アプリ」をタップする❺。

転送が完了したら「連携アプリを開く」をタップする❻。

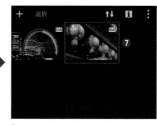

「Canon Digital Photo Professional Express」が立ち上がるので、取り込んだ画像をタップする❼。

レンズ補正、トリミング、ピクチャースタイルなど、各種設定を調整する❽。画像調整が終わったら、「⬆」をタップする❾。

画像サイズを選択し❿、「書き出し」をタップする⓫。

端末に画像が保存される⓬。なお、無料版の場合は「Canon Digital Photo Professional Express」という文字列が写真内に表示される。文字列を消したい場合は、有料版に登録する必要がある。

7

スマホやパソコンと連携しよう

まとめ

- Digital Photo Professional Expressは、スマートフォン向けのRAW現像アプリ
- スマートフォンなどの端末で高度なRAW現像ができる
- 現在はiOSとiPadOSのみに対応している

パソコンに画像を転送しよう

Keyword EOS Utility

カメラとパソコンをWi-Fiで接続し、パソコンへ画像を転送したり、パソコンをリモコンとして使用したりできる。パソコンとカメラを接続するには、「EOS Utility」というアプリをインストールする必要がある。

1 EOS Utilityでパソコンとカメラを接続する

スマートフォンなどの端末と同様、R10とパソコンもWi-Fiを使用して接続することができる。まずはWebブラウザでEOS Utilityのダウンロードサイトにアクセスし、EOS Utilityをダウンロードしよう。使用するのは「EOS Utility」および「EOS Utility 3」だ。

ダウンロードサイト▶https://cweb.canon.jp/eos/software/eu.html

■カメラとパソコンを接続する

パソコンに「EOS Utility」をインストールする❶。

カメラの操作に移り、無線通信機能タブから「Wi-Fi/Bluetooth接続」を選択する❷。

「EOS Utilityでリモート操作」を選択する❸。

「接続先の機器の追加」を選択する❹。

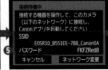

表示されたSSIDとパスワード❺にパソコンで接続する。

「ペアリングを始めます」と表示されたら、「OK」を選択する❻。

パソコンで「EOS Utility」を立ち上げ、「Wi-Fi/LAN接続ペアリング」を選択する❼。

接続する機器が表示されるのでクリックして選択し❽、「接続」をクリックする❾。

カメラの操作に移る。接続の最終確認が表示されるので、「OK」を選択する❿。

■ パソコンへ画像を転送する

パソコンで「EOS Utility 3」を立ち上げ、「画像をパソコンに取り込み」をクリックする❶。

取り込み方法を「自動取り込み開始」❷、「選んで取り込み」❸のどちらかから選択してクリックする。

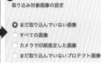

「自動取り込み開始」の横にある「設定」をクリックすると❹、取り込み対象を詳細に設定できる❺。

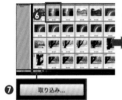

「選んで取り込み」をクリックすると、画像が一覧で表示されるので、取り込む画像をクリックして選択し❻、画面左下の「取り込み」をクリックする❼。

保存先のフォルダーを設定し❽、「OK」をクリックする❾。

画像の転送が行われる❿。

❽で設定したフォルダーに画像が保存されていることを確認する⓫。

まとめ

- EOS Utilityでパソコンとカメラを接続する
- EOS Utility3でパソコンへ画像を送信する

DPPでRAW現像をしよう

Keyword Digital Photo Professional

P.152で解説した「Digital Photo Professional」(DPP)は、パソコン用のアプリも提供されている。メーカー純正のRAW現像アプリは、現像の際に画像の劣化や補正による破綻がもっとも少ない。パソコン用アプリは無料ですべての機能を使うことができる。

1 DPPをダウンロードする

DPPは、キヤノン公式ホームページからインストールする必要がある。Windows、macOS、どちらにも対応しているので、手持ちのパソコンのOSに対応したソフトをインストールしよう。本書では、macOSを使用して解説する。

ダウンロードサイト▶https://cweb.canon.jp/eos/software/dpp4.html

ダウンロードサイトから「Digital Photo Professional」をインストールする❶。

DPPを立ち上げて、RAW現像を開始する。

2 DPPでRAW現像を行う

DPPは、メイン画面で現像する画面を選択し、別ウインドウで立ち上がる現像画面で現像を行う、という工程になる。

フォルダーツリーの中から、現像する画像が保存されているフォルダーを選択し❶、サムネイルの中から現像する画像をダブルクリックする❷。

現像画面が表示されるので❸、画面右のツールパレットを操作して現像を行う❹。

まとめ

- Digital Photo Professionaはパソコン版も提供されている
- DPPはメイン画面で画像を選択し、別ウインドウで現像を行う

R10をウェブカメラとして使おう

Keyword EOS Webcam Utility

R10とパソコンをUSBケーブルで接続することで、R10をウェブカメラとして使用できる。その際には「EOS Webcam Utility」のインストールが必要だ。パソコンに内蔵されているカメラよりも高精細の映像で会議をすることができる。

1 カメラの設定を整える

R10をウェブカメラとして使用するためには、いくつかの準備が必要だ。まずは専用ソフトウェアの「EOS Webcam Utility」をパソコンにインストールする。次にR10の設定を変更し、最後にパソコンの設定を行う。

iOS ▶ https://cweb.canon.jp/eos/software/ewu.html

ダウンロードサイトから、EOS Webcam Utilityをインストールする。

■カメラの設定を整える

R10の撮影モードを「動画撮影」にする❶。

動画撮影タブから動画記録サイズを「FHD:29.97P」に設定する❷。

無線通信タブからWi-Fi設定を「使わない」に設定する❸。

2 R10をウェブカメラとして使用する

パソコンとカメラの設定が整ったら、実際にR10をウェブカメラとして使ってみよう。より高品質な映像や音声で会議をするために、ミニ三脚やマイクなどを使用するとよい。ここでは「Zoom」を用いて解説する。

カメラとパソコンをUSBケーブルでつなぐ❶。

Zoomのビデオ設定で「EOS Webcam Utility」をクリックする❷。

ビデオ映像が、R10で写した映像に切り替わる❸。

カメラをミニ三脚に設置するなどして、構図を整える❹。

まとめ

- EOS Webcam Utilityを使用することで、R10をウェブカメラとして利用できる
- 必要に応じて三脚やマイクを使用する

ファームウェアを
アップデートしよう

新しく発売された機材に対応したり、不具合を解消したりする
ために、メーカーからファームウェアが提供されることがある。
ファームウェアは定期的にチェックしてアップデートし、最新
のバージョンを保つようにしよう。なお、ファームウェアアッ
プデートにはパソコンが必要になる。ここではmacOSを用い
て解説する。

R10　ファームウェアダウンロードサイト
▶ https://canon.jp/support/software/os/select/eos/eosr10-firm

ファームウェアのダウンロードサイト
にアクセスし、使用しているパソコン
のOSのボタンをクリックする❶。

使用許諾契約書を読んだ上で「ダウン
ロード」をクリックする❷。

ダウンロードしたファイ
ルをダブルクリックで解
凍し❸、拡張子が「.FIR」
のファイルを、R10で
初期化したメモリーカー
ドの直下にコピーす
る❹。

メモリーカードをR10
に装填し、機能設定タ
ブから「ファームウェア」
を選択する❺。

「カメラ」を選択する❻。

確認画面が2回表示されるので、ともに「OK」を選
択すれば❼、アップデートが完了だ。

ボタンやダイヤルを カスタマイズしよう

Keyword カスタマイズ

カメラのボタンやダイヤルに割り当てられている機能は、任意の機能にカスタマイズすることができる。ポートレート、風景、スポーツなど、撮影スタイルによって使用する機能が違うことも多いので、自分のスタイルに合わせて変更してみよう。

1 ボタンに機能を割り当てる

ボタンへの機能割り当ては、カスタム設定タブから行う。すべてのボタンの機能割り当て変更が可能だが、割り当てることができる機能はボタンによって制限されている。

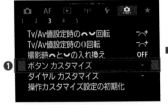

カスタム設定タブから「ボタンカスタマイズ」を選択する❶。

機能を変更したいボタンを選択する❷。

割り当てる機能を選択する❸。

ボタンによって、割り当てられる機能は異なる❹。

2 ダイヤルに機能を割り当てる

ボタンと同様に、ダイヤルの機能もカスタマイズすることができる。変更できるのは、メイン電子ダイヤル、サブ電子ダイヤル、レンズのコントロールリングの3箇所だ。また機能だけでなく、ダイヤルの回転方向も変更することができる。

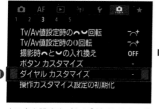

カスタム設定タブから「ダイヤルカスタマイズ」を選択する❶。

機能を変更したいダイヤルを選択する❷。

割り当てる機能を選択する❸。

■ ダイヤルの回転方向を変更する

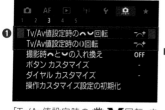

「Tv/Av値設定時の🔆🔆回転」または「Tv/Av値設定時の⓪回転」を選択する❶。

通常の方向か反転させるかを選択する❷。

まとめ

- ● ボタンやダイヤルに割り当てる機能をカスタマイズできる
- ● ダイヤルは回転方向も変更できる

163

マイメニューを設定しよう

Keyword マイメニュー

マイメニューとは、任意の設定項目をメニュー画面のもっとも右側にあるタブに登録し、オリジナルのメニュー画面を作成する機能のことだ。使用頻度が高い設定を登録し、撮影時にすばやくアクセスする、という使い方ができる。

1 マイメニュータブを作成し機能を登録する

マイメニューの登録は、タブの追加、機能の登録、という手順で行う。追加できるタブは最大5つ、1つのタブに登録できるメニューは6個までだ。

マイメニュー設定タブから「マイメニュータブの追加」を選択する❶。

「OK」を選択する❷。

マイメニューが追加されるので、「設定」を選択する❸。

「登録項目の選択」を選択する❹。

マイメニューに登録する機能を選択する**⑤**。

「OK」を選択する**⑥**。

2 マイメニュータブを削除する

不要になったマイメニューは、削除することができる。タブ内の項目を削除する方法と、タブごと削除する方法がある。タブごと削除、あるいは全項目を削除する場合は、**②**の画面で「タブの削除」「タブ内の全項目削除」を選択し、確認画面で「OK」を選択する。

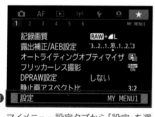

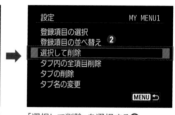

マイメニュー設定タブから「設定」を選択する**①**。

「選択して削除」を選択する**②**。

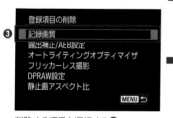

削除する項目を選択する**③**。

「OK」を選択する**④**。

まとめ

● マイメニューに任意の機能を登録できる
● マイメニューに登録した機能は削除することができる

<table>
<tr><td>Section</td></tr>
<tr><td>**03**</td></tr>
</table>

カスタム撮影モードを設定しよう

Keyword カスタム撮影モード

カスタム撮影モードとは、現在の撮影設定を登録し、モードダイヤルで呼び出せるようにする機能のことだ。よく利用する機能をモードダイヤルの「C1」「C2」に登録し、ダイヤルを合わせるだけで呼び出すことができる。

1 カスタム撮影モードを登録する

カスタム撮影モードに登録するには、現在の撮影設定が登録したい内容になっているかどうかを確認し、機能設定タブから「カスタム撮影モード（C1,C2）」を選択する。登録できるモードは2つまでだ。

機能設定タブから「カスタム撮影モード（C1,C2）」を選択する❶。

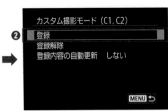

「登録」を選択する❷。

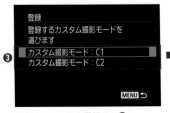

登録するモードを選択する❸。

「OK」を選択する❹。これで登録は完了だ。モードダイヤルを「C1」に合わせて撮影する。

8

使いやすくカスタマイズしよう

■登録内容の自動更新

カスタム撮影モードで撮影中に、露出やホワイトバランスなどの撮影設定を変更した場合、その変更内容に自動で更新するかどうかを選択できる。初期設定では更新しない設定になっているので、更新されるようにする場合は下記の手順で設定する。

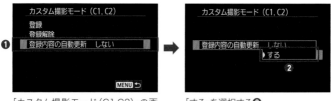

「カスタム撮影モード（C1,C2）」の画面で「登録内容の自動更新」を選択する❶。

「する」を選択する❷。

2 カスタム撮影モードの登録を解除する

不要になったカスタム撮影モードは登録を解除しよう。枠を開けておけば、次に登録したい設定が出てきた時にスムーズに登録できる。

「カスタム撮影モード（C1,C2）」の画面で「登録解除」を選択する❶。

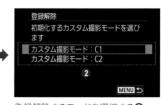

登録解除するモードを選択する❷。

「OK」を選択する❸。これで登録解除が完了する。

まとめ

● カスタム撮影モードは、撮影設定を登録するモード
● 登録した後、モードダイヤルを回して呼び出す

水準器とグリッドを 表示しよう

Keyword 水準器／グリッド

撮影で構図を整える際に、大きなヒントになるのが水準器とグリッドだ。水平・垂直を正確にとれているか、画面内の被写体のバランスがよいかを考える際の大きなヒントになる。

1 水準器を表示する

水準器は、カメラがどのくらい傾いているかを表示する機能だ。風景や建物など、カメラが水平・垂直をきちんととれているかどうかが重要視される場面で使用する。

静止画撮影タブから「撮影情報表示設定」を選択する❶。

「モニター表示カスタマイズ」もしくは「ファインダー表示情報カスタマイズ」を選択する❷。

水準器を表示する番号を選択してインフォボタンを押す❸。初期設定では、「3」に水準器が表示されるようになっている。

「✛」を選択する❹。これで登録は完了だ。

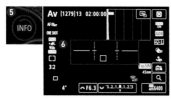

撮影画面でインフォボタンを押すと**5**、水準器が表示される**6**。

2 グリッドを表示する

グリッドは、被写体を画面内のどこに配置するか、という目安に使われる。表示形式は、「表示しない」「9分割」「24分割」「9分割＋対角」の4種類から選ぶ。

静止画撮影タブから「撮影情報表示設定」を選択する**1**。

「グリッド」を選択する**2**。

任意の表示形式を選択する**3**。

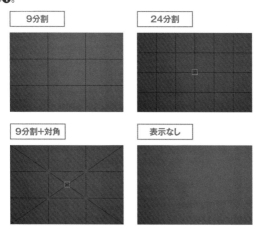

まとめ

- 水準器とグリッドは構図を整える際のヒントになる
- 水準器はカメラの傾きを表示する
- グリッドは被写体をどこに置くかの目安に使われる

Section 05 タッチ操作や電子音を設定して撮影に集中しよう

Keyword 電子音／タッチ操作

カメラを操作する際の電子音や、モニターのタッチ操作は、使いこなせれば便利な機能だ。一方、音が鳴ったり思わぬ操作をしてしまったりすることで、操作に気を取られてシャッターチャンスを逃してしまうこともある。

1 タッチ操作を制御する

タッチ操作は直感的にカメラの設定を変えられる便利な機能だが、自分が意図しないタイミングで画面に触れてしまい設定が変わるなど、思わぬ操作をしてしまうことがある。タッチ操作を完全にオフにすることで、誤操作を防ごう。

機能設定タブから「タッチ操作」を選択する❶。

任意の感度を選択する❷。初期設定は「標準」になっており、「しない」を選択すると、タッチ操作がオフになる。「敏感」を選択すると感度が高くなる。

2 電子音を消す

電子音には、シャッターボタンを全押しした際のシャッター音、AF合焦時の合焦音などがある。特に動物を撮影する際や、厳かな式での撮影など、音を出せないシーンの撮影では消音設定をしておいた方がよい。また、操作ごとに音量を設定することもできる。

機能設定タブから「電子音」を選択する❶。

「切」を選択する❷。これですべての電子音が消音になる。

操作ごとの音量を調整する場合は「音量」を選択する❸。

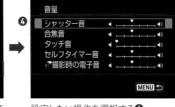

設定したい操作を選択する❹。

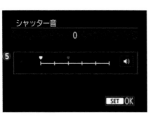

任意の音量を選択する❺。

まとめ

● タッチ操作や電子音は便利だが、撮影の妨げになることがある
● タッチ操作をオフにして誤操作を防ぐ
● 音を出せない撮影シーンでは消音にした方がよい

8 使いやすくカスタマイズしよう

171

全メニュー紹介

1 静止画撮影タブ

❶ 記録画質	記録する画素数と画質を設定する。JPEG、HEIFの記録画質は ▲L/■L/▲M/■M/▲S1/ ■S1/S2。RAWの記録画質は RAW /C RAW のいずれかを設定する。
❷ DPRAW設定	「特別なRAW画像（DPRAW画像）」を記録するかどうかを設定する。記録画質が RAW /C RAW のいずれかの場合に選択できる。
❸ 静止画 アスペクト比	画像のアスペクト（縦横）比を設定する。3:2/4:3/16:9/1:1のいずれかから選択する。INFOボタンを押すと、撮影範囲表示の方法を設定できる。

❹ 露出補正/ AEB設定	シャッタースピード、絞り値、ISO感度を変えながら3枚の画像を撮影する。
❺ ❶ISO感度に 関する設定	ISO感度に関する項目を「ISO」「ISO感度の範囲」「オートの範囲」「オートの低速限界」から設定する。
❻ HDR撮影 HDR PQ	HDRで撮影した画像をRAWデータとして保存するかどうかを設定する。
❼ 🎬HDRモード	HDR撮影に関する項目を設定する。「Dレンジ調整」「最大輝度レンジ制御」「HDR撮影の継続」「画像位置自動調整」「撮影画像の保存」から設定する。
❽ オートライティング オプティマイザ	明るさやコントラストを自動補正する度合いを設定する。「しない」「弱め」「標準」「強め」から設定する。

⑨ 高輝度側・階調優先	ハイライト部の白とびを緩和する。「しない」「する」「強」から設定する。「HDR PQ」を「する」に設定している場合は、高輝度側・階調優先は「する」に固定される。
⑩ フリッカーレス撮影	蛍光灯などの光源下で起こるフリッカーを低減する。

⑪ ストロボ制御	ストロボに関する項目を設定する。「ストロボの発光」「E-TTLテイスト」「E-TTL II 調光方式」「連写時の調光制御」「赤目緩和機能」「スローシンクロ」「内蔵ストロボ機能設定」「外部ストロボ機能設定」「外部ストロボカスタム機能設定」から設定する。
⑫ 測光モード	測光方法を設定する。「評価測光」「部分測光」「スポット測光」「中央部重点平均測光」から設定する。

⑬ ホワイトバランス	光源に合わせて画像の色合いを設定する。「オート（雰囲気優先）」「太陽光」「日陰」「くもり」「白熱電球」「白色蛍光灯」「ストロボ」「マニュアル」「色温度」から設定する。
⑭ MWB画像選択	カード内に保存されている画像からホワイトバランスの基準となるデータを取得する。
⑮ WB補正/BKT設定	ホワイトバランスの色味の微調整と、ホワイトバランスブラケティングの色味の段階を設定する。
⑯ 色空間	再現できる色の範囲（色域特性）を設定する。「sRGB」「Adobe RGB」から設定する。
⑰ ピクチャースタイル	画像特性を設定する。「オート」「スタンダード」「ポートレート」「風景」「ディテール重視」「ニュートラル」「忠実設定」「モノクロ」「ユーザー設定（1〜3）」から設定する。
⑱ 明瞭度	エッジ部のコントラストを設定する。-4〜4の間で設定する。
⑲ 撮影時クリエイティブフィルター	応用撮影モード時に「クリエイティブフィルター」を設定する。「しない」「ラフモノクロ」「ソフトフォーカス」「魚眼風」「油彩風」「水彩風」「トイカメラ風」「ジオラマ風」から設定する。

⑳ レンズ光学補正	カメラに装着しているレンズに合わせて光学補正を設定する。「周辺光量補正」「歪曲収差補正」「デジタルレンズオプティマイザ」「色収差補正」「回折補正」から設定する。
㉑ 長秒時露光のノイズ低減	露光時間1秒以上で撮影した画像に対してノイズ（輝点、縞）を低減する。「しない」「自動」「する」から設定する。
㉒ 高感度撮影時のノイズ低減	画像に発生するノイズを低減する。特に高ISO感度時に有効。低ISO感度時は、低輝度部(暗部)のノイズを低減する。「しない」「弱め」「標準」「強め」「マルチショットノイズ低減機能」から設定する。
㉓ ダストデリートデータ取得	ゴミを消すための情報（ダストデリートデータ）を画像に付加する。

㉔ 多重露出	複数の画像（2～9枚）を重ね合わせ、合成写真を撮影する。「多重露出撮影」「多重露出制御」「重ねる枚数」「多重露出撮影の継続」をそれぞれ設定する。また、カードに保存されている画像を合成することもできる。
㉕ RAWバーストモード	RAW画像を高速で連続撮影し、後から1枚を選択して保存する。「RAWバーストモード」「プリ撮影」から設定する。
㉖ フォーカスBKT撮影	1回の撮影で自動的にピント位置を変えながら連続撮影し、撮影した画像から広い範囲でピントの合った画像を生成する。「フォーカスBKT撮影」「撮影回数」「ステップ幅」「露出の平滑化」「深度合成」「深度合成トリミング」から設定する。

| 🔿 AF ▶ (ᵗᵖ) ✦ 🔿 ★ |
| 1 2 3 4 5 6 **7** 8 9 10 |

27	ドライブモード	□
28	インターバルタイマー	しない
29	バルブタイマー	しない
30	サイレントシャッター機能	OFF
31	シャッター方式	電子先幕
32	カードなしレリーズ	ON

㉗ ドライブモード	撮影方法を設定する。「1枚撮影」「高速連続撮影＋」「高速連続撮影」「低速連続撮影」「セルフタイマー:10秒」「セルフタイマー:2秒」「セルフタイマー:連続撮影」から設定する。
㉘ インターバルタイマー撮影	撮影間隔、撮影回数を任意に設定し、一定間隔での撮影を繰り返す。「しない」「する」から設定し、「する」を選択した場合は撮影間隔と撮影回数を設定する。
㉙ バルブタイマー	バルブ撮影時の露光時間をあらかじめ設定して撮影する。「しない」「する」から設定し、「する」を選択した場合は露光時間を設定する。
㉚ サイレントシャッター機能	カメラのシャッター音や操作音とストロボなどの発光を禁止する。「入」「切」から設定する。
㉛ シャッター方式	シャッター方式を設定する。「メカシャッター」「電子先幕」「電子シャッター」から設定する。
㉜ カードなしレリーズ	メモリーカードをカメラに装填していない時に撮影するかどうかを設定する。「する」「しない」から設定し、「しない」にすると撮影しない。

㉝ 手ブレ補正（IS機能）設定	レンズの手ブレ補正機能（IS機能）を使用して、静止画撮影時の手ブレを低減する。手ブレ補正スイッチのあるIS機能搭載レンズでは表示されない。「IS機能」「動画電子IS」から設定する。
㉞ クイック設定カスタマイズ	クイック設定で表示する項目や並び順をカスタマイズする。「レイアウト編集」「設定の初期化」「全項目消去」から設定する。
㉟ タッチシャッター	タッチシャッターをするかどうかを設定する。「する」「しない」から設定する。
㊱ 撮影画像の確認	撮影直後に画像を確認するかどうかを設定する。「撮影画像の確認時間」「ファインダー内表示」から設定する。
㊲ ⏸ᴴ高速表示	電子シャッター以外のシャッター方式で、ドライブモード「高速連続撮影」撮影時、撮影結果と映像を交互に表示する。「する」「しない」から設定する。
㊳ 測光タイマー	自動的に作動する「測光タイマー」の作動時間（露出値の表示時間／AEロック時の保持時間）を設定する。

㊴ 表示 Simulation	実際の撮影結果（露出）に近い明るさや被写界深度をシミュレートして映像を表示する。「露出＋絞り」「露出」「絞り込み中のみ露出」「しない」から設定する。	
㊵ OVFビューアシスト	静止画撮影時のファインダーまたはモニターの表示を、光学ファインダーのように自然な見え方にする。「入」「切」から設定する。	
㊶ 撮影情報 表示設定	撮影時にモニターまたはファインダーに表示する画面や情報などをカスタマイズする。「モニター情報表示カスタマイズ」「ファインダー情報表示カスタマイズ」「ファインダー縦表示」「グリッド」「ヒストグラム」「レンズ情報表示設定」「初期化」から設定する。	
㊷ 鏡像表示	自撮り撮影時などに映像を鏡像表示（左右反転）させる。「入」「切」から設定する。	
㊸ ファインダー 表示形式	ファインダー内の表示形式を設定する。「表示1」「表示2」から設定する。	
㊹ 撮影画面 表示設定	静止画撮影時の撮影画面表示で、優先する項目を設定する。「省電力優先」「なめらかさ優先」から設定する。	

2 AFタブ

❶ AF動作	AFの作動特性を設定する。「ワンショットAF」「サーボAF」から設定する。
❷ AFエリア	AFエリアを設定する。「スポット1点AF」「1点AF」「領域拡大AF」「領域拡大AF（周囲）」「フレキシブルゾーンAF1」「フレキシブルゾーンAF2」「フレキシブルゾーンAF3」「全域AF」から設定する。
❸ 被写体追尾 （トラッキング）	AF時に被写体を追尾するかどうかを設定する。「する」「しない」から設定する。

❹ 検出する被写体	追尾による主被写体の自動選択条件を設定する。「人物」「動物優先」「乗り物優先」「なし」から設定する。
❺ 瞳検出	人の目、動物の目にピントが合うように設定する。「する」「しない」から設定する。
❻ 追尾する被写体の乗り移り	追尾する被写体への測距点の乗り移りやすさを設定する。「しない」「緩やか」「する」から設定する。

❼ サーボAF特性	撮影する被写体や撮影シーンに合わせて「Case」を設定し、被写体や撮影シーンに適したサーボAFを設定する。	
	❽ Case1	汎用性の高い基本的な設定
	❾ Case2	障害物が入る時や、被写体がAFフレームから外れやすい時
	❿ Case3	急に現れた被写体にすばやくピントを合わせたい時
	⓫ Case4	被写体が急加速/急減速する時
	⓬ Auto	被写体の動きの変化に応じて追従特性を自動で切り換えたい時

⓭ ワンショットAF時のレリーズ	ワンショットAFで撮影するときの、AFの作動特性とレリーズタイミングを設定する。ただしタッチシャッター時は除く。「レリーズ優先」「ピント優先」から設定する。
⓮ プリAF	常に被写体に対しておおまかにピントを合わせ続けるかどうかを設定する。「する」「しない」から設定する。
⓯ AF測距不能時のレンズ動作	AFでピントが合わなかった時のレンズ動作を設定する。「サーチ駆動する」「サーチ駆動しない」から設定する。
⓰ AF補助光の投光	カメラまたは外部ストロボからAF補助光の投光を行うかどうかを設定する。「する」「しない」「LED方式の補助光のみ投光」から設定する。

17	タッチ&ドラッグAF設定	OFF
18	AFエリアの限定	-
19	✳AFフレーム選択の敏感度	0
20	縦位置/横位置のAFフレーム設定	▣

⑰ タッチ& ドラッグAF設定	ファインダーを見ながら画面をタッチしたりドラッグしたりして、AFフレーム（またはゾーンAFフレーム）を移動するかどうかを設定する。「タッチ&ドラッグAF」「位置指定方法」「タッチ領域」から設定する。
⑱ AFエリアの 限定	AFエリアの選択項目を、使用するモードだけに限定する。
⑲ ✳AFフレーム 選択の敏感度	AFフレームの移動をマルチコントローラーで行う際の操作敏感度を設定する。「-1」「0」「+1」の中から選択する。
⑳ 縦位置／横位置 のAFフレーム 設定	縦位置撮影と横位置撮影で、AFエリア＋AFフレーム、またはAFフレームの位置を別々に設定する。「同じ」「別々に設定：エリア＋フレーム」「別々に設定：フレーム」から設定する。

21	MFピーキング設定	OFF
22	フォーカスガイド	切
23	動画サーボAF	する

㉑ MFピーキング 設定	MF時、ピントが合った被写体の輪郭を色つきの強調表示にする。「ピーキング」「レベル」「色」から設定する。
㉒ フォーカス ガイド	現在のフォーカス位置から合焦位置への調整方向と調整量が、ガイド枠で視覚的に表示される。「入」「切」から設定する。
㉓ 動画サーボAF	動画撮影時、被写体に対して常にピントを合わせ続けるかどうかを設定する。「する」「しない」から設定する。

24	電子式フルタイムMF	OFF
25	レンズの電子式手動フォーカス	◉▸OFF
26	フォーカス/コントロールリング	FOCUS
27	フォーカスリングの回転	⤸
28	RFレンズ MF操作敏感度	⤢

㉔ 電子式 フルタイムMF	特定のレンズを装着した時の、電子式フォーカスリングによる手動ピント調整の動作を設定する。「有効」「無効」から設定する。

㉕ レンズの電子式 手動フォーカス	電子式の手動フォーカス機能を備えたレンズを使用して、ワンショットAFを行った時の手動ピント調整の設定を行う。「ワンショット後・不可」「ワンショット後・可能(等倍)」「ワンショット後・可能(拡大)」から設定する。
㉖ フォーカス/ コントロールリング	レンズのフォーカス/コントロールリングの機能を設定する。「フォーカスリングとして使用」「コントロールリングとして使用」から設定する。
㉗ フォーカスリング の回転	RFレンズのフォーカスリングの設定方向を設定する。「通常」「設定方向を反転」から設定する。
㉘ RFレンズ MF操作敏感度	RFレンズのフォーカスリングを操作する時の感度を設定する。「リングの回転速度に応じて変動」「リングの回転量に連動」から設定する。

3 再生タブ

❶ 画像プロテクト	画像を消去しないように保護する。「画像を選択」「範囲指定」「フォルダ内・全画像」「フォルダ内・全解除」「カード内・全画像」「カード内・全解除」から設定する。
❷ 画像消去	カード内の画像を消去する。「選択して消去」「範囲指定」「フォルダ内・全画像」「カード内・全画像」から設定する。
❸ 静止画の回転	カード内の画像を回転させる。
❹ 動画の回転情報 の変更	動画再生時の回転情報(上の向きの情報)を手動で書き換える。
❺ レーティング	画像に5種類のマークを付加する。「画像を選択」「範囲指定」「フォルダ内・全画像」「カード内・全画像」から設定する。
❻ 印刷設定	カード内の画像から、印刷したい画像と印刷枚数などを指定する。「画像選択」「複数選択」「設定」から設定する。
❼ フォトブック指定	フォトブックにする画像を最大998枚まで指定する。「画像を選択」「複数選択」から設定する。

8 RAW現像	**RAW**または**CRAW**で撮影した画像をカメラで現像し、JPEG画像やHEIF画像を作る。「画像を選択」「範囲指定」から設定する。
9 クリエイティブ アシスト	RAW画像を現像して、好みの効果をつけたJPEG画像を作成する。
10 クイック設定からのRAW現像	クイック設定画面から行うRAW現像の種類を設定する。
11 クラウド RAW現像	**RAW**または**CRAW**で撮影した画像をimage.canonへ送信し、JPEG画像やHEIF画像を作る。
12 再生時 クリエイティブ フィルター	撮影した静止画に、ラフモノクロ／ソフトフォーカス／魚眼風／油彩風／水彩風／トイカメラ風／ジオラマ風のフィルター処理を行い、別画像として保存する。
13 赤目補正	目が赤く撮影されてしまった画像の赤目部分を自動的に補正する。
14 リサイズ	撮影したJPEG画像、HEIF画像の画素数を少なくして、別画像として保存する。

15 トリミング	撮影したJPEG画像を部分的に切り抜いて、別画像として保存する。
16 HEIF→JPEG 変換	HDR設定で撮影したHEIF画像を、JPEG画像に変換して保存する。

```
 ⬜  AF  ▶  ⟨⟩  ⎍  ⬚  ★
 1  2  3  4  5
17  スライドショー
18  画像検索の条件設定
19  前回の画像から再生  する
20  拡大設定
21  ▲での画像送り      ⏪10
```

⑰ スライドショー	カードに記録されている画像を自動で連続再生する。「設定」「スタート」から設定する。
⑱ 画像検索の条件設定	再生する画像を条件で絞り込む。「レーティング」「日付」「フォルダ」「プロテクト」「ファイルの種類1」「ファイルの種類2」から設定する。
⑲ 前回の画像から再生	画像再生時、前回再生した画像から表示するかどうかを設定する。「する」「しない」から選択する。
⑳ 拡大設定	撮影した画像を拡大して表示する時の倍率や位置を設定する。「拡大倍率(約)」「拡大位置」「拡大位置を継続」から選択する。
㉑ ⚡での画像送り	画王再生時にメイン電子ダイヤルを回した時の動作を設定する。「1枚ずつ画像表示」「10枚ごとに画像表示」「指定した枚数ごとに画像を表示」「撮影日を切り換えて画像を表示」「フォルダを切り換えて画像を表示」「動画だけを表示」「静止画だけを表示」「プロテクト画像だけを表示」「指定したレーティングの画像だけを表示」「シーンの先頭画像を表示」から設定する。

```
　　🔲 AF ▶ (ｯ) ♀ 🔲 ★
　　1 2 3 4 5
22  再生情報表示設定
23  ハイライト警告表示    しない
24  AFフレーム表示       しない
25  再生時のグリッド      表示しない
26  動画再生カウント      記録時間
27  HDMI HDR出力        切
```

㉒ 再生情報表示設定	画像の再生時に表示する画面と、表示する内容(情報)を任意に設定する。
㉓ ハイライト警告表示	再生画面に、露出オーバーで白とびした部分を点滅に表示するかどうかを設定する。「しない」「する」から設定する。
㉔ AFフレーム表示	再生画面に、ピント合わせを行ったAFフレームを赤い枠で表示する。「しない」「する」から選択する。
㉕ 再生時のグリッド	静止画を1枚表示するときに、再生画像に重ねてグリッド(格子線)を表示する。「表示しない」「9分割」「24分割」「9分割+対角」から設定する。
㉖ 動画再生カウント	動画再生画面に表示する内容を設定する。「記録時間」「タイムコード」から設定する。
㉗ HDMI HDR出力	HDR対応テレビにカメラをつないで、RAW画像やHEIF画像をHDR表示するかどうかを設定する。「切」「入」から設定する。

4 無線通信機能タブ

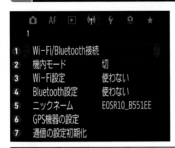

❶ Wi-Fi/ Bluetooth 接続	カメラに内蔵されているWi-FiやBluetoothの設定を行う。「スマートフォンと通信」「EOS Utilityでリモート操作」「Wi-Fi対応プリンターで印刷」「image.canonへ画像を送信」「ワイヤレスリモコンと接続」から設定する。	
❷ 機内モード	Wi-Fi機能、Bluetooth機能を一時的にオフにするかどうかを設定する。「切」「入」から設定する。	
❸ Wi-Fi設定	カメラに内蔵されているWi-Fiに関する設定を行う。「Wi-Fi」「接続先履歴の表示」「スマートフォンへの撮影時画像送信」「MACアドレス」から設定する。	
❹ Bluetooth 設定	カメラに内蔵されているBluetoothに関する設定を行う。「Bluetooth」「接続先情報の確認」「Bluetoothアドレス」から設定する。	
❺ ニックネーム	スマートフォンやカメラで表示される、このカメラのニックネームを設定する。	
❻ GPS機器の 設定	GPSレシーバー GP-E2（別売）やBluetooth対応スマートフォンを使用して、位置情報を画像に付加する。「使わない」「GPSレシーバー」「スマートフォン」から設定する。	
❼ 通信の設定 初期化	無線通信の設定をすべて削除する。	

5 機能設定タブ

❶ フォルダ選択	画像を保存するフォルダを設定する。「フォルダ作成」で新しいフォルダを作成する。
❷ 画像番号	撮影した画像にどのように番号をつけるかを設定する。「番号の付け方」「強制リセット」から設定する。
❸ カード初期化	カード内のデータをすべて消去し初期化する。
❹ 縦位置画像 回転表示	縦位置で撮影した画像を再生する時の自動回転を設定する。「する🄰🄻」「する🄻」「しない」から設定する。
❺ 🎥縦位置情報の 付加	カメラを縦位置にして撮影した動画をスマートフォンなどで再生した時に、撮影時と同じ向き（縦位置）で再生されるように、撮影時に回転情報（上の向きの情報）を自動付加するかどうかを設定する。「する」「しない」から設定する。
❻ 日付/時刻/エリア	画像に付与する日付、時刻、撮影エリアの情報を設定する。
❼ 言語	カメラに表示される言語を設定する。「日本語」「English」から設定する。

❽ ビデオ方式	テレビの映像方式を設定する。「NTSC」「PAL」から設定する。
❾ ヘルプの 文字サイズ	メニュー画面などで表示されるヘルプの文字サイズを設定する。「小」「標準」から設定する。
❿ 撮影モード ガイド	撮影モードを変更したときに、撮影モードの説明（撮影モードガイド）を表示するかどうかを設定する。「表示する」「表示しない」から設定する。
⓫ 電子音	カメラ操作時の電子音を発するかどうかを設定する。「入」「切」から設定する。
⓬ 音量	カメラの各種動作音の音量を設定する。「シャッター音」「合焦音」「タッチ音」「セルフタイマー音」「🎥撮影時の電子音」から設定する。
⓭ 節電	バッテリー消費を抑える項目を設定する。「モニター低輝度表示」「モニターオフ」「オートパワーオフ」「ファインダーオフ」から設定する。

⑭ 画面の表示先設定	画面の表示先を設定する。「オート1」「オート2」「ファインダー固定」「モニター固定」から設定する。
⑮ モニターの明るさ	モニターの明るさを設定する。
⑯ ファインダーの明るさ	ファインダーの明るさを設定する。「自動」「手動」から設定する。
⑰ ファインダーの色調微調整	ファインダーの色調を設定する。
⑱ メニュー画面の拡大	指2本でメニュー画面をダブルタップし、メニュー画面を拡大して表示するかどうかを設定する。「する」「しない」から設定する。
⑲ HDMI出力解像度	HDMIケーブルでカメラと外部記録機器を接続して映像を出力する時の解像度を設定する。「自動」「1080p」から設定する。

⑳ タッチ操作	タッチ操作の感度を設定する。「標準」「敏感」「しない」から設定する。
㉑ マルチ電子ロック	マルチ電子ロック機能をオンにした時に操作を禁止する操作を設定する。「メイン電子ダイヤル」「サブ電子ダイヤル」「マルチコントローラー」「タッチ操作」「コントロールリング」から設定する。
㉒ ●スイッチ(AF/MF)	フォーカスモードスイッチがないRFレンズを取り付けたときに、カメラのフォーカスモードスイッチの動作を設定する。「有効」「無効」から設定する。

㉓ センサー クリーニング	撮像素子をクリーニングするタイミングを設定する。「自動クリーニング」「今すぐクリーニング」から設定する。
㉔ USB接続 アプリの選択	カメラと外部機器をUSBケーブルで接続した時の動作を設定する。「画像取り込み/リモート制御」「iPhone Canon アプリ」から設定する。

㉕ カメラの初期化	撮影機能やメニュー機能の設定を初期状態に戻す。「基本設定」「基本以外の設定」から設定する。
㉖ カスタム 撮影モード （C1、C2）	現在の設定を、撮影モードの「C1」「C2」に登録する。「登録」「登録解除」「登録内容の自動更新」から設定する。
㉗ バッテリー情報	使用しているバッテリーの状態を画面で確認する。
㉘ 著作権情報	画像に著作権に関する情報を付与する。「著作権情報の表示」「作成者名入力」「著作権者名入力」「著作権情報の削除」から設定する。
㉙ 使用説明書・ ソフトウェアURL	使用説明書をダウンロードできるQRコードを表示する。
㉚ 認証マーク表示	R10が対応している認証マークの一部を確認する。
㉛ ファームウェア	R10やR10に装着しているレンズのファームウェアをアップデートする。

❶ 露出設定 ステップ	シャッタースピードと絞り値、および露出補正、AEB、ストロボ調光補正などの設定ステップを設定する。「1/3段」「1/2段」から設定する。	
❷ ISO感度設定 ステップ	ISO感度の手動設定ステップを設定する。「1/3段」「1段」から設定する。	
❸ ISOオートで 測光中に ISO感度変更	「P」「Tv」「Av」「M」「B」モードでISO感度オート時、測光中または測光タイマー中に、ISO感度を変更した場合に、測光タイマー完了後のISO感度の状態を設定する。	
❹ ブラケティング 自動解除	電源OFF時の、AEBとWBブラケティングの解除を設定する。「する」「しない」から設定する。	
❺ ブラケティング 順序	AEBの撮影順序と、WBブラケティング撮影時の画像の記録順序を変更する。「0→−→+」「−→0→+」「+→0→−」から設定する。	
❻ ブラケティング 時の撮影枚数	AEB撮影、WBブラケティング撮影時の撮影枚数を設定する。「3枚」「2枚」「5枚」「7枚」から設定する。	
❼ セイフティシフト	被写体の明るさが変化して、自動露出で標準露出が得られる範囲を超えたとき、手動設定値をカメラが自動的に変更して、標準露出で撮影するかどうかを設定する。「しない」「Tv値/Av値」「ISO感度」から設定する。「Tv値/Av値」はTvおよびAvモードで機能する。「ISO感度」はP、Tv、Avモードで機能する。	

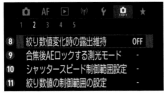

⑧ 絞り数値変化時の露出維持	MモードかつISO感度任意設定時に、レンズ交換などで開放絞り値が変更された時、ISO感度やシャッタースピードを自動で変更して、露出を維持するかどうかを設定する。「しない」「ISO感度」「ISO感度/Tv値」「Tv値」から設定する。「ISO感度/Tv値」は、ISO感度設定範囲内でISO感度を自動的に変更する。ISO感度を変更しても露出が維持できない時は、シャッタースピード(Tv値)を自動的に変更する。
⑨ 合焦後 AEロックする 測光モード	ワンショットAFでピントが合った時に、露出を固定(AEロック)するかどうかを、測光モードごとに設定する。「評価測光」「部分測光」「スポット測光」「中央部重点平均測光」から設定する。
⑩ シャッター スピード制御 範囲設定	シャッタースピードの制御範囲をシャッター方式ごとに設定する。「メカシャッター/電子先幕」「電子シャッター」から設定する。Fv、Tv、Mモード時は、設定した範囲でシャッタースピードを手動設定する。P、Avモード時や、Fvモードでシャッタースピードを「AUTO」にした時は、設定した範囲でシャッタースピードが自動設定される(動画撮影時を除く)。
⑪ 絞り数値の 制御範囲の設定	絞り値の制御範囲を設定する。Fv、Av、M、Bモード時は、設定した範囲で絞り値を手動設定する。「開放側」「小絞り側」から設定する。P、Tvモード時や、Fvモードで絞り値を「AUTO」にした時は、設定した範囲で絞り値が自動設定される。

⑫ Tv/Av値設定時の🟄🟄回転		シャッタースピード、絞り値設定時のダイヤルによる設定方向を反転させるかどうかを設定する。「通常」「設定方向を反転」から設定する。
⑬ Tv/Av値設定時の🟄回転		シャッタースピード、絞り値設定時のRFレンズやマウントアダプターのコントロールリングによる設定方向を反転させるかどうかを設定する。「通常」「設定方向を反転」から設定する。
⑭ 撮影時🟄と🟄の入れ換え		メイン電子ダイヤルとサブ電子ダイヤルに割り当てた機能を入れ換えるかどうかを設定する。「しない」「する」から設定する。
⑮ ボタンカスタマイズ		使用頻度が高い機能を、自分が操作しやすいボタンに割り当てる。「シャッターボタン半押し」「動画撮影ボタン」「マルチファンクションボタン」「AF-ONボタン」「AEロックボタン」「AFフレームボタン」「絞り込みボタン」「レンズファンクションボタン」「上ボタン」「左ボタン」「右ボタン」「下ボタン」「SETボタン」「マルチコントローラー」から設定する。
⑯ ダイヤルカスタマイズ		メイン電子ダイヤル、サブ電子ダイヤル、レンズやマウントアダプターのコントロールリングに、使用頻度の高い機能を割り当てる。
⑰ 操作カスタマイズ設定の初期化		「ボタンカスタマイズ」と「ダイヤルカスタマイズ」で設定した機能をリセットする。

⑱ トリミング情報の付加	EOS用ソフトウェアのDigital Photo Professionalでトリミングを行うための縦横比の情報を、画像に付加するかどうか設定する。トリミングされた画像が撮影されるわけではない。「しない」「比率6:6」「比率3:4」「比率4:5（六切）」「比率6:7」「比率5:6（四切）」「比率5:7」から設定する。設定すると、撮影時に設定した比率に応じた縦線が画面内に表示される。

⑲ 画像消去の 初期設定	画像再生時や撮影直後の画像表示中に🗑ボタンを押して消去メニューが表示された時、どの項目が選択されているかを設定する。「[キャンセル]を選択」「[消去]を選択」「[RAWのみ消去]を選択」「[RAW以外を消去]を選択」から設定する。
⑳ レンズなし レリーズ	レンズを取り付けていないときに、静止画撮影や動画撮影を許可するかどうかを設定する。「しない」「する」から設定する。
㉑ 電源オフ時の レンズ収納	カメラの電源スイッチをOFFにした時、ギアタイプのSTMレンズの繰り出している部分を自動収納するかどうか設定する。「する」「しない」から設定する。

㉒ カスタム機能（C.Fn) 一括解除	[ボタンカスタマイズ]と[ダイヤルカスタマイズ]以外のカスタム機能の設定を一括で解除する。

7 マイメニュータブ

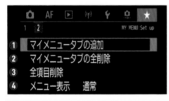

❶ マイメニュー タブの追加	マイメニュータブの中に新たなタブを作成し、任意のメニューを割り当てる。
❷ マイメニュー タブの全削除	作成したタブを削除する。
❸ 全項目削除	作成したすべてのマイメニューを削除する。
❹ メニュー表示	メニューボタンを押した時に表示される項目を設定する。「通常表示」「マイメニュータブから表示」「マイメニュータブのみ表示」から設定する。

索引

■ お問い合わせの例

FAX

1 お名前
技評 太郎

2 返信先の住所またはFAX番号
03 - ×××× - ××××

3 書名
今すぐ使えるかんたんmini
Canon EOS R10
基本&応用 撮影ガイド

4 本書の該当ページ
76 ページ

5 ご質問内容
露出補正が使用できない

今すぐ使えるかんたん mini
Canon EOS R10
基本&応用 撮影ガイド

2023 年 12 月 29 日　初版　第 1 刷発行
2024 年 9 月 28 日　初版　第 2 刷発行

著者● GOTO AKI + Ryo Editor
発行者●片岡 巌
発行所●株式会社 技術評論社
　　　東京都新宿区市谷左内町 21-13
　　　電話　03-3513-6150　販売促進部
　　　　　　03-3513-6160　書籍編集部

編集・制作● Ryo Editor
担当●大和田洋平（技術評論社）
協力●キヤノンマーケティングジャパン株式会社
モデル●麻井香奈
ブックデザイン●田邉恵里香
レイアウト・本文デザイン●高 八重子
イラスト●タカハラユウスケ
製本・印刷● TOPPAN クロレ株式会社

定価はカバーに表示してあります。

ISBN978-4-297-13877-6　C3055
Printed in Japan

編集部撮影写真

P25、P26上部（カメラを持った人物の写真）、
P28〜29、P32、P62

著者プロフィール

GOTO AKI（ごとう・あき）

1972 年 川崎市生まれ。1993 年の世界一周の旅から現在まで 56 カ国を巡る。風景撮影に自然科学の視点とスナップ撮影の手法を取り入れ、新たな日本の風景写真を生み出している。2015 年「キヤノンカレンダー」にて第 66 回全国カレンダー展日本商工会議所会頭賞受賞。2019 年「terra」（写真展／キヤノンギャラリーS・写真集／赤々舎）にて、2020 年日本写真協会賞新人賞受賞。武蔵野美術大学造形構想学部映像学科・日本大学芸術学部写真学科　非常勤講師。

お問い合わせについて

本書の内容に関するご質問は、下記の宛先までFAXまたは書面にてお送りください。なお電話によるご質問、および本書に記載されている内容以外の事柄に関するご質問にはお答えできかねます。あらかじめご了承ください。

1 お名前
2 返信先の住所またはFAX番号
3 書名
　（今すぐ使えるかんたんmini
　　Canon EOS R10 基本&応用 撮影ガイド）
4 本書の該当ページ
5 ご質問内容

なお、ご質問の際に記載いただいた個人情報は、ご質問の返答以外の目的には使用いたしません。また、ご質問の返答後は速やかに破棄させていただきます。

問い合わせ先

〒 162-0846
新宿区市谷左内町 21-13
株式会社技術評論社　書籍編集部
「今すぐ使えるかんたんmini
Canon EOS R10 基本&応用 撮影ガイド」
質問係
FAX 番号　03-3513-6167
URL : https://book.gihyo.jp/116